**Your Partner 全酪連**

# 全酪連の代用乳と共に
# 子牛の発育は更なる高みへ

JN091141

# 未来の畜産を創造する

戦後、食生活が欧米化するとともに、酪農業界は右肩上がりで成長してきました。
この60年間、チュウチクはその成長に少なからず貢献できたと自負しております。
業界が成熟期を迎えた今、常識にとらわれない提案と行動力こそが未来へのパスポート。
そのパスポートを皆様と共有する為に、チュウチクはあらゆる視点から可能性を見出し、
酪農の枠を超えた総合畜産コンサルタント業務を徹底します。
販売だけでなく、他にはないアフターケアでお客様をサポート。
今まで蓄積してきたノウハウと、チュウチクのDNAに刻まれたパイオニア精神で、
必要とされ続ける企業を目指します。

## 1 酪農と肥育のセット提案

これからの畜産は乳肉複合の時代を迎えます。肉牛の素牛である仔牛の育成技術や、繁殖判別など、肥育牛・素牛生産部門への提案もしています。また、肉用牛農家へも積極的にアプローチしていきます。

## 2 信頼されるメンテナンス事業

牧場の心臓部ともなる搾乳機の停止など、不測の事態へ速やかに対応するために機械設備の保守契約を設けました。定期的なメンテナンスでトラブルを予防し、緊急の場合には24時間365日の体制で臨み、皆様に安心をお届けしていきます。※東海地区限定

## 3 TMRセンターの展開

健康な牛と安定した生産性を創造するのは、健全な飼料です。チュウチクでは牧場と連携し、原料の見える安全な飼料を迅速に供給できるTMRセンターの展開を始めました。飼料コストを抑えられることも大きなメリットです。

**Total Farms Consulting**
〜提案〜販売〜アフターケア〜

## 4 乳牛の預託事業

未使用スペースのある牧場への乳牛預託事業をスタートしました。同じ条件で育てていただく弊社預託の乳牛から得たデータを分析。それを元にきめ細かくタイムリーなアドバイスをさせていただきます。

## 5 生産性の向上とロボット化のご提案

少ない人件費で生産性を上げるためには、ロボット化やIT、IoT化が不可欠です。ハードとソフトの両面からアプローチし、次世代へバトンタッチできるシステム構築をご提案します。

未来の畜産を創造する
**ChuChiku**

**株式会社 チュウチク**

www.chuchiku.co.jp  チュウチク 検索

本　　社／〒441-8062 愛知県豊橋市東小浜町8番地　TEL.0532-46-1211 FAX.0532-48-5141
東海支社／〒500-8241 岐阜県岐阜市領下21番地の13　TEL.058-240-0071 FAX.058-240-0073

～農場運営のノウハウ教えます～

# こうすれば農場はもっとうまく回る

## 丸山 純
maruyama jun

# もくじ

## Chapter.1
→ 013
## 牛に優しい管理を
**ハンドリング・ウェルフェア編**

# Chapter.2
→ 031
## 安全で快適な職場に
`マニュアル・労務管理編`

# Chapter.3

.................▶ 097

## 自分達でやってみよう

**DIY 編**

# Chapter.4

.................▶ 123

## 本書を農場運営に
## 活かすために

## Chapter.5

→ 161

農場の信条を掲げる
クレドを作ろう

## Chapter.6

→ 167

皆さんの
ギモンに答えます！

蹄や皮膚の健康に

# Intra Hoof-fit

イントラ フーフフィット

イントラ フーフフィットは、
蹄や皮膚などのケアに
最適な製品です

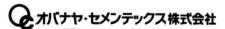

# まえがき

　前著『若い酪農家が奮闘して気が付いたこと…』初版が出版されて、早3年が経ちました。

　当時確かに若かった私も、今では三十代です。最近は少し飲みすぎるとすぐ肌は荒れ、吹き出物もなかなか消えません。この前ぎっくり腰にもかかりました。そんなに若くない酪農家が日々奮闘しながら気が付きました。「私ももう若くないな」と。

　それはさておき、この3年の間に、さまざまな場所で、さまざまな方から「本を読んだよ」とお声掛けいただきました。つたない内容でも、皆様の経営改善の一助となっているのであれば、これ以上の喜びはありません。

　昨今、いよいよわが国における労働人口問題は深刻さを増し、すべての産業において従業員定着率の改善が喫緊の課題となりました。従業員を導き、管理する重要性はかつてないほど叫ばれています。一方で、前著発刊から3年の間に、メイプルファームもまだまだ成長し続けています。

　本書では、前著で述べた労務管理の基本を経て、より発展的、実践的にPDCAを回し、従業員満足度を高め、定着率を上げるためのヒントについてお話しさせていただきます。

2019年6月

メイプルファーム

丸山 純

# 本書の舞台は<br>メイプルファーム

本文に入る前に、本書の舞台となるメイプルファームの概要を紹介します。

メイプルファームは標高800mの高原に位置し、まさに「富士山の上で牛を飼っている」という感じがします。牧草地に立つと、自分の足元から富士山の頂上まで、ひたすら自然が続きます。その間には木々や草花以外、何もないのです。まさに自分が今、富士山の上に立っていると感じる瞬間です。

目の前に迫る富士山はどこまでも高く、大きく、そして山々を彩る自然は季節の豊かな変化を感じさせてくれます。夏は涼しく、冬は厳寒とまではならない気候で、個人的には牛を飼ううえで、とても適した場所だと感じています。450頭の搾乳牛と100頭の子牛、そしておよそ15名の従業員で、富士山に見守られながら楽しく、元気に、日々の酪農生活を送っています。

メイプルファームでは、設立当初からミーティングを頻繁に行なうことを大切にしてきました。私が就農したての頃は、従業員全員が必ず水曜日に集まって30分間話す、と決めていました。30分と決めていたのは、ダラダラと話し続けるよりも、決定すること、実行することを最優先に考えた結果です。また、ミーティング自体が重荷にならないように配慮もしました。

現在では設立から10年ほど経ち、従業員の知識と経験も増え、専門性が増したので全員が集まる機会は月に1度に減りましたが、実行を大切にする、というのは変わりません（現在のミーティングの内容はChapter 4に詳しく掲載されています）。

知り合った酪農家の方から頻繁に質問されることが、「そんなに話題があるの？」というものです。確かに、いきなり「さあ語り合おう！」と言われても、人間そう簡単に話題があるものではありません。そこで重要になってくるのが、牧場内で蓄積したデータです。

以下にメイプルファームが記録しているデータの一部を羅列します。
「牛群の平均乳量」「毎日の出荷乳量」「毎日の乳成分（MUN・乳脂肪・体細胞な

ど）」「残飼を差し引いた1頭当たりの採食量（DMI）」「乳房炎や各種疾病の頭数」「自給飼料・TMRのDM（乾物量）」「TMRのパーティクルサイズ」「毎日のTMRメニュー」「牛群における軟便牛の数」「全廃用牛の廃用理由」「繁殖管理データ」「蹄病の内容データ」などです。これらをすべて、Microsoft社のExcel（エクセル）でデータとして入力しています。また、牛管理ソフトのU-Moitonの繁殖データ等も活用しています。ほかにもまだまだデータ入力の項目はありますが、とにかくできるだけ多くのデータを蓄積するようにしています。

とくに、購入粗飼料と違い自給飼料は、ロットによってDMの増減が激しいので、毎日のようにDMを測定しています。

これらのデータを基に、全員で牧場内での変化や仮説を話し合い、レベルアップにつなげています。

本書をお読みの皆さんのなかには、家族経営の酪農家さんも多いでしょうし、「なかなか、そこまでデータを取れないよ」と思われる方もいるかと思います。確かに私達は組織的に動いていて、それぞれの担当者が、それぞれのデータを蓄積しているので、負担は少ないです。ただ、データ採取とその蓄積は、得することはあっても損をすることはありません。まずは毎日の平均乳量、そして余裕があれば採食量の変化を集積してみてはいかがでしょうか？

メイプルファームの特徴、長所ともいうべき点の一つはデータ管理と従業員間のコミュニケーションです。本書にもそれらのことが随所に書かれています。

本書では、随所にメイプルファームにおけるデータ管理の見本も提示していますので、参考にしていただければ幸いです。

では、メイプルファームの経験を基に、ヒントを探しながら読み進めていきましょう。

**著者**

# 丸山 純

朝霧メイプルファーム 有限会社

1986年、静岡県富士宮市に生まれる。
2008年、東京経済大学・経営学部卒業。
同学部卒業後、映像制作会社に就職。
約1年、映像制作に従事。
2009年に就農。

酪農の専門的教育を受けていないことに加え、成牛飼育経験がないことを逆手に取り、常に新しいことへの挑戦と、既存のプロセスにとらわれない自由な発想を心がけている。

# Chapter.1
## 牛に優しい管理を

ハンドリング・ウェルフェア編

# 01 牛に優しくしよう

　突然ですが、クイズです。あなたは硬い棒と軟らかい棒、殴られるならどちら
の棒が良いですか?

　「軟らかい棒」と答えた人は、残念でした。正解は「殴られないのが一番良い」
です。ふざけた意地悪クイズではありません。これは実際にメイプルファームで
起こったことなのです。

## ＊暴力による牛の支配

　私が就農した当時、メイプルファームでは牛と人は敵対関係にありました。正
確には、「牛が人に怯えていた」のです。

　かつてメイプルファームでは牛を暴力で支配していました。パーラーに入らな
い牛やスタンチョンに入らない牛に対して、容赦なく木の棒で体を叩いていたの
です。

　私は23歳まで成牛を扱った経験がありませんでした。そんな私にも、その光
景は異常に思えました。牛は人が近づくと走って逃げました。私は「このままで
はいけない、この状況を変えなければいけない」と思い、みんなに画期的な提案
をしました。

　「木の棒で牛を殴るのはやめよう。殴るなら、せめて柔らかいプラスチックの棒
で殴ろう」と。

## ＊リーダー不在が招いた失敗

　この話を笑ってくれる酪農家の方は、はたしてどれくらいいるのでしょうか?
今の私は、「牛に対する虐待は、例外なくあってはならない」と言えます。しかし
就農当時の私にとって、そこで起きていることが常識でした。「牛を殴るのは普通
のことだろう」と。

　この話をここで書くのは、何も当時の従業員を批判したいからではありません。
殴ってしまっていたのは、仕方がないことだったと思います。習慣というのは恐
ろしいものです。牧場のような閉鎖された空間、環境では、とくに異常なことが
起きやすいのだと思います。私も、誤った提案をしました。

　なぜ、そのようなことが起こってしまったのか? それはみんなを正しい方向へ
導く、正しいリーダーが現場にいなかったからにほかなりません。父である社長
は規模拡大をして、急激に増えた雑多な事務仕事に追われ、多忙を極めていまし

★ 棒を一切使わなくても牛はコントロール可能
★ 閉ざされた環境では暴力は暴走しやすいことを意識しよう

015

た。1人で事務仕事もこなしつつ、現場の監督をすることは難しく、どうしても従業員だけに管理を任せきりにしてしまったのです。

## ＊動物的本能で暴力を振るわないために

牛は草食動物で被食者ですが、われわれ人は捕食者であり、どちらかといえば肉食動物です。これは完全に支配関係にあり、主従関係にあります。そのような関係のまま、環境が外部から断絶した場合に、暴力の暴走が容易に起こると思います。

映画化もされた、有名な囚人と看守の心理実験を御存じでしょうか？ お互い看守と囚人を演じていたはずなのに、いつの間にかお互いの関係が悪くなっていく。一度弱いものに対して暴力をふるい、相手が反抗しなければ、その暴力がエスカレートしてしまう。そんな内容です。もし仮に、日常的に牛への暴力があるとしたら、本書を読んで考え直すきっかけにしていただきたいと思います。動物的本能によって、人は牛に暴力を振るってしまう可能性を秘めています。そのことを、常に意識しなければならないと思います。

## ＊牛を殴ることは一切止めよう

就農直後の私は、「殴るならプラスチックの棒で」と提案しました。しかし周りの獣医師や牧場見学によって、それすら大きな誤りだということがわかりました。

牛への暴力は、例外なくあってはならないのです。改めて「一切、牛を殴ることは止めよう」と提案しました。時間はかかりましたが、牧場で牛を殴ることは一切なくなりました。

その昔、どこかで誰かが「牛も愛情をもって殴ればわかってくれる」と言っていたことを思い出します。ひょっとすると「殴る」といっても、撫でるように優しく叩くだけなのかもしれません。しかし、もし仮に強く殴っていたのだとすれば、それはやはりいけないことなのだと思います。

例えてみれば、牛は体の大きな赤ん坊のような存在です。誰も、乳児を「躾だ！」といって叩いたりしないですよね？ それは紛れもなく虐待なのです。

異常なことも、習慣化すれば常識に変わります。メイプルファームを参考に、もう一度牛と自分の関係を見直してみてください。

# 02 理想的な牛追いを目指して

躾のために、牛を棒で殴ることはなくなりました。アニマルウェルフェアという考えを知り、牛の安楽性を考えるようになってからは、「ほかにも牛にとってストレスはないか」と、考えるようになりました。そこで一番に思い当たるのが人間の声です。

## ＊人の声に怯えている？

私が就農してから初めの5年ほどは、牛に対して声を出して追うのは普通のことでした。確かに、牛は声に反応して動いています。しかし、「実は、牛達は怯えながら、逃げるようにコントロールされているのでは？」という疑問を無視することができなくなりました。

また、牧場外部の人間である削蹄師に、「メイプルファームの牛は、ほかの牧場の牛に比べて、人を怖がっている」と指摘されたことも、そうした疑問を持つきっかけになりました。

## ＊声を出さないことをルール化

そこで私達は、「牛に対して、一切声を出さないようにできないか？」という課題を打ち立てました。ミーティングでは、さまざまな議論が交わされました。当然反対意見もありました。「声を出さないで牛をコントロールするのは難しいだろう」「群全体に注意を喚起する音は必要だろう」などです。

ちなみに、メイプルファームはフリーストール形式の3回搾乳なので、牛を追う機会は最低でも1日3回あります。

議論の末、以下のようなルールを作りました。

・牧場内では、すべての場所で牛に対して一切声を発しない。ただし、「口笛」、ボクサーがパンチを打つときのような「シュッシュ」というような息を吐く音、そして「舌打ち」、この三つは発してもよい。

・パーラー内ではいかなる音も発しない。パーラー内で牛が止まったら、肢を軽く触って注意を促す。

なぜ声がダメで舌打ちは良いのか？ それには一応、理由があります。牧場内で出していい音の三つには、ある程度音量に限界があります。それに比べて声は際限がなく、怒鳴るような大声にもなりかねません。

「小さな声ならいいだろう」という意見もありました。確かに小さな声なら牛

**H**ints

★ 声には制限がない。声以外の音が注意喚起に必要

★ 人が牛に厳しいのは従業員の不満の表れ？

は怖がらないと思います。しかし、小さな声の基準を、毎回測ることができるでしょうか？ 人間の声には機械のような、ボリュームコントロールは付いていないのです。はじめは小さな声だったとしても、段々と声が大きくなっていき、いつしかリーダーのいない所で、牛に大声を出してしまうかもしれません。

「あいまいなルールは、なくしてしまったほうがよい」ということが、ルール作りのヒントになると思います。

## ＊声を出さずとも通常作業はできる

実際に、「一切声を出さない」というルールを始めました。最初は、皆戸惑っていたように思います。そして始めて２週間ほど経過した後、ミーティングの場で新ルール施工後の結果を話し合いました。結論は、「牛の様子は、あまり変わらない」というものでした。

私にはそれはネガティブなことではなく、とても意味のある「変化のなさ」だと思えました。つまり、牛追いには影響せず、搾乳時間も長くならず、いつもどおりの作業が行なえたのです。

牛の扱いに関して、「同じ結果が得られるのであれば、牛に優しいアプローチのほうが望ましい」というのが私の持論です。結局、牛への優しさは、自己満足でしかありません。私達にできることは、「牛はきっと喜んでいる。不快に思っていないだろう」と想像することだけです。

しかし、このような心境の変化、チームの牛に対する姿勢やムードが、従業員の士気に大きく関わるのだと思います。暴力的な環境よりも、牧場らしく牧歌的で平和な環境のほうが良いと思いませんか？ 牛との関係がギスギスしているよりも、精神衛生上良いような気がします。

一切声を出さないというのは、牛を木の棒で殴っていた頃では決して実現できないような、困難な試みでした。単純に「牛に優しくしよう」と説いただけでは、牛の扱いは簡単に改善されるものではないように思います。必ず牛を厳しく扱うに至った本質的な原因が存在するはずです。

## ＊ ES なくして CS なし

　私がメイプルファームに就農した頃は労務管理もうまくいっておらず、従業員の職場に対する満足度は決して高くありませんでした。正直なところ、会社に不満を持つ人が多くいたように思います。そのような精神状態で牛に優しくできるはずないですよね。牛に優しくなれるような環境作りも大切なのでしょう。

　ES（Employee Satisfaction ＝ 従業員満足度） なくして CS（Customer Satisfaction ＝顧客満足度）なしというのは有名なマーケティング用語です。従業員満足度が上がれば顧客満足度も上がる、というものです。私は、酪農業界にも ES と CS の考え方が必要だと思います。ただし、私の考える CS とは、Cow Satisfaction（牛の満足度）ですが。「従業員の心身が健康であれば、牛も幸せになるはず」という考えです。

　私が就農して５年後、さまざまな労務管理や指導体系を改善したことが、従業員満足度を上げ、結果的に牛に対する優しさを生んだと感じています。

　牛が怯えているかどうか、数値化するのは困難です。しかし、搾乳時間を比較することは容易です。あなたの牧場でも、１週間だけ今よりも牛に優しい牛追いで搾乳をしてみてください。搾乳時間が極端に長くならなければ、それは牛に優しくなるきっかけになるかもしれません。

　個人的には、声を出さなくなってからは、パーラー内で緊張して糞をする牛が減った気がします。それと……、牛達の私を見る目が、以前よりキラキラとしているような、していないような。そんな気がする今日この頃です。

018

図1
牛追いの方法や禁止事項をマニュアルで作成

| 対象人 | 出来る事 |
|---|---|
| 搾乳者 | ・止まった時、牛を手で押す（左記以外一切厳禁） |
| 主任 | ・手で押す<br>・発情牛で入らない場合は尾をまげて押す（複数人も有効）<br>・何をしても動かない場合に限り、プラスチックの棒を使う<br>・口笛、舌打ち、手を叩く等、音の最大値の低いことは可能 |

搾乳時パーラーへの牛入れについて　　2015.11

## ⓪③ きれいな水槽できれいな水

### ＊お茶碗、毎日洗っていますか？

　突然ですが、質問です。あなたはご飯茶碗をどのくらいの頻度で洗いますか？
私ですか？　私は1カ月に一度程度、気が向いたときに洗います。過去には一年間、
一度も洗わないなんてこともありましたね。まあそんな細かいことは気にしませ
んよ！

　「気持ち悪い！　もうこんな本を読むのをやめよう！」と思ったあなた。おかし
いですか？　茶碗は毎回洗うものですって？　それなら聞かせてください。牧場の
牛達の水槽はどうですか？　最後に洗ったのはいつですか？　水槽に苔は生えてい
ませんか？

　そう、これは牧場の水槽の話です。かつてのメイプルファームは、汚い水槽で
牛に水を与えていたのです。水槽清掃に対する決まりがないので、気が向いたと
きに洗う、といった有様でした。

### ＊日課にすれば苦にならない

　以前、メイプルファームの社長が、よその牧場を見学したときに、水槽がとて
もきれいで驚いたそうです。そのことを牧場の畜主さんに伝えると、「ご飯を食
べる茶碗は、毎回洗うでしょう？」と言われたようです。その話を聞いた私達も、
「確かにそのとおりだ」と納得しました。

　このような経緯から、水槽清掃の係を決めて、毎日清掃することにしました。皆
さんが想像するように、当然、当初は不満の声がちらほらと聞こえました。仕事
なんて少ないほどいいし、所詮牛なんて獣だから、水槽が汚くても水は飲むよ！
なんて思ったりもしたようです。

　そして、実際に水槽掃除を毎日の作業にしてみると、意外なことに、本当に少
ない労力でササッと終わることがわかったのです。始めて1週間ほど経って、担
当者に話を聞くと、「たいした労力ではない」と伝えてくれました。

　こんなエピソードもありました。牧場には、TMRの加水用に一時的に水を溜め
ておく水槽（古いバルクタンクを利用）があります。その水槽に関しては、本当
に1年に一度も洗っていませんでした。その水槽も同様に、毎日エサの担当者が
掃除するようになりました。数年ぶりに掃除をするのには30分はかかりました。
しかし、毎日の掃除となれば1分で済んでしまいます。

　このことから得た教訓は、「掃除は毎日少しずつやると労力を感じない」「容易

• **H**ints

★ 頻度を増やすほど、作業時間は減る。

★毎日行なえば大変な作業も簡単になる

に掃除を行なえる」というものでした。

## ＊飲水量はきっと増える

月に一度メイプルファームに来ていただくコンサルタントの獣医師と、牧場内を回っていたときのことです。その獣医師に、「おや、ここの水槽は新調したんだね」と言われたのです。初めは皮肉を言われたかと思ったのですが、実際に新調したほどに見違えたようです。

きれいな水と汚い水、どちらの方が飲みたいかなんて議論する必要はないですよね。「きれいな水のほうが、牛の飲水量が○○kg増えた」といったデータは、誰かがきっと調べてくれていると思います。実感としてわずかであっても、確実に飲水量は増えると思います。ですが、そうしたデータではなく、私達酪農家は「あまり手間のかからないことなら、なるべく牛にとって良いことをしてあげよう」という気持ちに動かされて行動すべきだと思います。

ところで私は、食器は毎回洗ったものを使います。ユーモアの通じない方のために、念のため。

# 04 書を捨てよ、牧場見学へ出かけよう

こんな本を読んでいる場合じゃないですよ！ 牧場見学に出かけましょう！ という話です。

あなたは、よその牧場にどれくらい見学へ行ったことがありますか？ 酪農業界って不思議なもので、見学を受け入れてくださる酪農家さんが多いですよね。

## ＊牧場見学はリーダーだけではダメ

牧場見学は、とても多くのものを得ることができます。ですから私は、なるべく従業員全員が牧場見学に出かけるべきだと思います。

2015年、メイプルファームの従業員は、Dairy Japan誌上で、『メイプルファームのスタッフ日記』という記事を連載していました。その連載で、執筆を担当した従業員が「いかに牧場見学で得たものが大きかったか」について記述していて、驚きました。

牧場見学をする機会は、どうしても場長やリーダーばかりになりがちです。「リーダーが見たものを、間接的に皆に伝えればいい」と思うのも無理はありません。私もそうでした。しかし見学の視点は人それぞれ違うもので、リーダーばかりが見学へ行ってしまうと偏った意見になりがちです。実際に自分で体験したものは、人づてに聞くよりもずっと価値があります。

## ＊牧場見学の心得

私が考える牧場見学でのポイントは、以下の三つです。

①見たいポイントを押さえておく

ただ漠然と、「見てみたいなぁ」という気持ちで臨めば、得るものは少ないです。「乳房炎対策を見たい」「ベッド管理を見たい」など、見学を申し込む際に見たいポイントを事前に伝えておくと、得るものは多くなり、相手も対応しやすくなります。

②必要以上に時間をかけない

酪農家の方々は皆優しいので、長く滞在しても嫌な顔をしないものですが、見たいポイントを押さえたら必要以上に長居しないことが、良好な視察関係の継続につながるのではないかと思います。

③相手の長所と自分の長所を考えながら見学する

　自分の牧場と比べて見学先のほうが優れているところと、自分の牧場のほうが比較的優れているところを見つけると良いと思います。良かったところは、積極的に褒めましょう。褒められて不快になる人はいません。ただし、嘘はダメです。誠意を持って褒めましょう。

　自分の牧場のほうが優れている部分は、もちろん相手に伝える必要はありません。流石にそんな無神経な人はいないと思いますが。それは帰った後、従業員達だけに教えましょう。「自分達の牧場のほうがトイレはきれいでした！」とか、「うちの牧場は、牛が人を怖がっていませんでした！」とか。

　競争のほとんどない酪農業界にあって、自分達の長所を自覚することは、とても大切だと思います。人も会社も、自らの長所を自覚するという行為そのものが、成長に必要だと思うからです。

## \*励まし合う

　牧場見学から帰るときは、受け入れてくれた酪農家さんに一言、「お互い頑張りましょう！」と言いましょう。私達は孤独な存在ではありません。共に酪農業界を盛り上げていきましょう。

## \*見学後はレポートにまとめよう

　見学のポイントは、こんなところでしょうか。私見ですが、従業員が見学に行って得るものは牛の振る舞いや、人の振る舞いなどが多いと思います。自分の立場に置き換えるからかもしれません。場長やリーダーは、設備や独自の工夫に注目するといいと思います。

　実際、最近私が牧場見学に行った際、ある酪農家さんが使うハエ除けネットの網目が、自分の牧場よりも粗いことに気がつきました。コンサルタントの獣医師にそのことを相談すると、ここ数年でハエ除けネットの網目の大きさが、従来の推奨値よりも大きくなっていることがわかりました。結果、すべてのハエ除けネットを、新しい推奨値のものに取り換えました。網目が大きくなったことで、埃が溜まらず、通気性が良くなったのです。

　また、見学後のレポート提出も重要です。感動した、だけではすぐに薄れてしまいます。しっかりと文字にすることで、そこから学び、発展していくことにつな

がります。メイプルファームでは、見学後には必ずレポートを提出させます。それが牧場を代表していく者の義務です。

　牧場見学を場長の特権にせずに、積極的に従業員を行かせるようにしましょう。

　さあ！　では仕事の合間を見つけて牧場見学に出かけましょう。まずは近所の農家さんから。

**オカラセンター**

バケットの端に、バケットピンを保持する機能を付けるのは非常に合理的だし、使い勝手がいいので当社でも溶接を依頼して、実行したい

図2
研修レポート例

**05** 搾乳環境を改善しよう

　Chapter3：自分達でやってみよう：DIY 編では、オンファームカルチャー（牧場内での乳房炎培養）によって乳房炎罹患率が１／５程度に減少したことについて述べています。実際にオンファームカルチャーの効果は大きかったのですが、乳房炎が減少した理由は、以下の三つにあると思っています。

①オンファームカルチャー

②搾乳マニュアル

③自動離脱装置

　このうち、搾乳マニュアルに関しては、Chapter2：安全で快適な職場に：マニュアル・労務管理編で触れていますので、ここでは自動離脱装置について書きたいと思います。

## ＊自動離脱装置をきちんと使おう

　結論から言えば、かつてのメイプルファームでは自動離脱装置を使わないために過搾乳になっており、乳頭口スコアの悪い状態が常態化し、結果的に乳房炎増加につながっていました。設立当初のメイプルファームにおいて自動離脱装置は無用の長物になっていました。およそ半分の牛で、わざわざ手動に切り替えて搾っていました。

　自動離脱と手動離脱を使う牛の違いは、本当に感覚的な基準だけで決めていました。乳房が大きい牛は手動、といったような基準でした。今思うと不思議な感覚ですが、当時は真剣にそうした基準で切り替えを行なっていました。大きい乳房の基準もあいまいで、搾乳主任が個人の判断で切り替えボタンを押していました。

　メイプルファームでは、4 人の搾乳者と 1 人の監督者で搾乳を行ないます。1 人当たり 6 頭を担当しますが、搾乳スピードが速いので 1 頭ごとの流量を見ることができず、結局手動にするほとんどの牛で過搾乳になっていました。

## ＊残乳＝乳房炎という間違った認識

　なぜこのようなことが起きてしまったのでしょうか？ それには二つ原因があると思います。一つは、メイプルファームに 100 頭飼養当時の感覚が受け継がれていたことです。

　100 頭飼養の頃は搾乳頭数もあまり多くなく、1 人当たりが見る牛も現在より

## **H**ints

★ 手動搾乳の過搾乳が乳房炎増加の一因になる

★ 残乳の基準を決めて、残乳搾乳成功率を調べてみよう

少ないため、余裕があったことと予想します。酪農経験の深い社長が、付きっ切りで監督できていました。その頃は問題にならなかったことが、飼養頭数が増えたことで、作業員の自主性に任せてしまうことになり、問題になったのです。

　もう一つは、残乳に対する意識があまりにも強かったことがあげられます。当時は、乳房炎罹患率が5％を越えていました。乳房炎になる理由が、「残乳によるもの」と考えられていたのです。乳房を触ってある程度の硬さがあると、それが乳房炎の原因になると信じて、しっかりと搾りきることを命題としていました。乳房炎が新たに出れば、それは「搾り切が足りなかったのだ」と反省をし、次はしっかりと搾りきろうと考えました。それが皮肉にも、さらなる乳房炎を生む原因になっていたのです。

　私も、就農当時はそれが当たり前と信じていましたが、過搾乳に対する知識や獣医師のアドバイスから、誤りであるという疑念が生まれました。そこで従業員に対して、「一度、手動搾乳を止めよう」と提案したのですが、「わざわざ乳房炎を増やすようなことは、したくない」と、提案を受け入れるには至りませんでした。根気よく説明し、一時的に手動離脱をあまり使わなくなっても、数日もするとまた元の木阿弥となっていました。

　当時は海外研修生も多かったので、意識を変えるために全員でほかの牧場に見学に行きました。そこでは手動装置は使われておらず、すべてのミルカーが自動的に離脱されていました。この搾乳を見て、皆、思う所があったはずです。

## ＊残乳チェック表で感覚を平準化

　そして、専門家を招いて学術的に講義をしてもらいました。海外研修生には、図や英語を駆使して説明をしました。そうした甲斐があってか、半年ほど経った頃ようやく手動での離脱をせずに搾乳が行なえるようになりました。もちろん皆かなり懐疑的でしたが、残乳していると認識した牛が乳房炎にならないことを見て、経験的に理解していったのだと思います。

　当時は乳頭口スコアの悪い牛ばかりでした。ウインナーの先のような、ささくれた乳頭ばかりだったのです。それが目に見えて劇的に改善しました。乳房炎も減り、結果的に出荷乳量も増加しました。

　メイプルファームでは3回搾乳を行なっており、残乳のリスクも本来は低いはずでした。1分間に900mℓを下回れば、離脱する設定になっています。

　自動離脱装置の是非についての話題で、必ず疑問として出ることが、「本当に残

乳をしていたらどうするのか？」というものです。何かしらのエラーで早く離脱してしまい、残乳することはありえます。

　メイプルファームでは、残乳の定義を1乳房1ℓとしています。実際搾って量ってみて1ℓあれば、それは残乳だと判断します。では、1ℓ以上残っている硬そうな乳房を見分けるのはどうするか、これはもうセンスや経験でしか判断できません。乳房の硬さを数値化することは困難ですから。

　そこで最近始めたのが、残乳チェック表（図3）です。残乳と思って再びミルカーを装着したときに、再搾乳した量を書き記します。それが仮に1ℓを越えていなければ、×の印を付けます。また、明らかに残乳をしているのにポストディップをしてしまい、放置した乳房があるとします。それを搾乳主任が再装着して、再搾乳量が1ℓ以上あった場合も×を付けます。

　これは、個人の能力を調べるものではありません。目的は、過搾乳を認識することです。再搾乳の結果を記録しなければ、過搾乳をしたこともすぐに忘れてしまいますし、責任も生じません。反対に、記録することで、「さっきの乳房の硬さは、残乳ではなかった」と認識し、経験として残ります。反省がなければ、経験を積むことはできません。

　ただし、×の多い従業員でも、作業評価には影響させません。そのこと自体を、記録しません。牧場全体の成功率は、残します。そうしていくうちに、全員の平均的な観察眼が上ることを期待しています。

　この取り組みの本質にあるのは、個人のやり方や感覚にとらわれず、改善するための試行錯誤を続けることだと思います。極論すれば、「体細胞数と乳房炎が減って乳量が増えれば、どんなこともしていい」と思えば、さまざまなことに挑戦できるはずです。

1乳房1kg以上が残乳

■ミルカーを再装着　1kg/1乳房　以下→×

■ミルカーを再装着しない　1kg/1乳房　以上→×

| なまえ | ほんすう | にゅうりょう | ○ × | | なまえ | ほんすう | にゅうりょう | ○ × |
|---|---|---|---|---|---|---|---|---|
| 高居 | 3 | 5kg | ○ | | 坂本 | 3 | 3.3kg | ○ |
| 矢部 | 2 | 1.5kg | × | | 柴田 | 2 | 4kg | × |
| 野村 | 4 | 8kg | ○ | | | | | |
| 宮崎 | 3 | 8kg | × | | | | | |
| 瀧川 | 4 | 5kg | ○ | | | | | |

図3
残乳チェック表

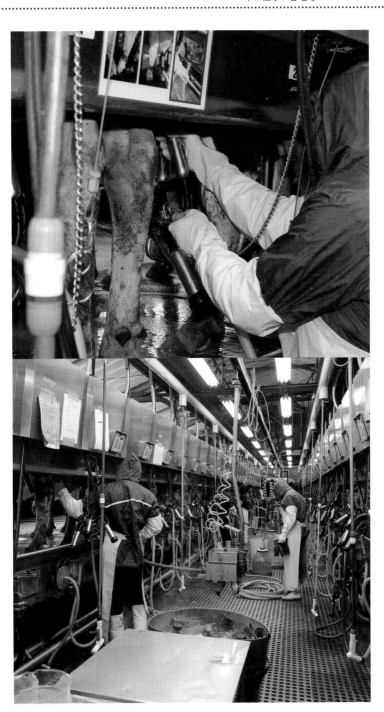

# Chapter.2

# 安全で
# 快適な職場に

マニュアル・労務管理編

## 01 作業シフトを作ろう

### ＊牧場はチームだ

　私が就農後初めて取り掛かったプロジェクトは、「シフト作り」です。大きな牧場でも、意外と１日のタイムスケジュールを決めていないところもあるのではないでしょうか。

　以前のメイプルファームでは、当日出勤のスタッフが全員集合して、リーダーがその場に応じて指示をするスタイルでした。

　そもそも、なぜシフトが必要なのでしょうか？　作業シフトが必要な理由は、「意志の共有」であると思います。優れたリーダーがすべてを自分の頭の中だけで把握し、全体をコントロールすることは可能でしょう。それで、作業場の実務上の害はないかもしれません。末端の人間に、本人とは関わりのない仕事を伝える必要はないように思いますね。

　しかし大切なことは、「牧場はチーム」だということです。これこそが運営における最重要事項だと思います。

### ＊シフトは作戦

　シフトとは、例えれば「作戦」のようなものです。高度な団体スポーツには、作戦がつきものです。作戦こそが、チームを一つにまとめる原動力なのです。

　すべてのメンバーが今日の予定を把握していれば、牧場がチームとして動いていることを意識できるはずです。私はチームの力を信じています。一人ひとりが支配されながら働かされているのではなく、主体的に動く——そのための第一歩が、人の配置を把握するところから始まると思います。

　さらに具体的なメリットをあげるならば、シフトを作ることによって人が足りない現場、逆に多い現場が把握できます。そのため、「あそこの現場が忙しいなら、ここの現場から応援に行けるぞ」というように、臨機応変な対応ができます。

　また、シフトを印刷して保存することで、過去の作業の記録を蓄積できます。昨年の牧草収穫は何人で、いつから始めたかなど、過去の作業を確認するときに、見返したりできます。

　メイプルファームでは、図４のようにエクセルを使ってシフトを作っています。エクセルにはタブ機能が付いているので、曜日ごとにシフト作り、それを１日ずつ更新していきます。パソコン上には１週間分のシフト記録が残っているので、直近の作業を見返すのに便利です。

**H**ints

★ シフトの目的は意識の共有

具体的なシフトの作り方ですが、例えば月曜日のシフトを日曜日の朝に作ります。そして1週間後、同じく日曜の朝に、月曜日のシフトを再編集するのです。メイプルファームでは毎週日曜日に蹄浴を行なっていますが、このシステムによって蹄浴の作業を忘れなくなりました。

このように、シフトを作ることによって、ルーティンワークを忘れなくなるというメリットもあります。

## ＊シフトは備忘録にもなる

家族経営の場合、ここまで細かいシフトは必要ないかもしれません。しかし、「お父さんだけが予定を知っていて、お母さんは直前に突然知らされる」ということに対して、お母さんは不満を持っているかもしれません。

例えば、ホームセンターで小さめのホワイトボードを買ってきて、今日の予定を書くことから始めてみてはいかがでしょうか？ あるいは、週の初めに1週間分の予定を書き出してみることも良いかもしれません。

まずは作戦をみんなに知らせて、一日の酪農作業をチーム一丸となって挑みましょう！

| 27年 | 11月30日 | 月曜日 作業 | 予定表 |
| --- | --- | --- | --- |
| | | 堆肥散布 | |
| | | スーダン入荷 | |
| | | 搾乳　　除糞 | 作業 |
| 朝 | 主 丸山 | 石黒 フランツ | ホーガン哺乳掃除 |
| | 村上 | 乾乳餌 安倍 | TMR 小田 |
| | 安倍 | 2.5リフトタイヤ交換 | |
| | 坂口 | タイヤ洗浄 | ボブキャット グリス |
| | ホーガン | C棟 村上 | 上橋 哺乳 |
| 午後 | 主 村上 | 石黒 ダグラス | |
| | 丸山 | | |
| | 安倍 | | |
| | ロバート | | 12/10市場リスト作成 |
| | 筒井 | | 上橋 哺乳 |
| 夜 | 主 坂口 | 夏目 フランツ | |
| | ダグラス | | |
| | ホーガン | | |
| | 筒井 | S顆粒 散布 | |
| | ロバート | | 三島 哺乳 |

図4
作業シフトを作ろう

# 02 ネットを活用しよう

## ＊酪農でもネットは活用できる

　一昔前に、「IT革命」という言葉が流行りましたね。それが今では、「IT」という言葉自体使われる頻度が少なくなりました。それは、今ではITそのものが当たり前になり過ぎて、空気のように、なくてはならないものになったからでしょう。

　他産業はITやネットの活用によって、近年急速な技術革新を行なってきました。酪農業も時代とともに成長し続けているので、ITやネットの活用は今後さらに盛んになっていくと思います。

　ここまでお読みになって、「なんだマイコンのことか、それならオラにはかんけーねーべ」となる前に、ちょっと待ってください。そんなに難しい話ではないです。現場で使える簡単なネット活用法ですので、まずは読んでみてください！

## ＊コミュニケーションをとろう

　チームで運営をするうえで何よりも大事なことは、コミュニケーションだと思います。「ホウ・レン・ソウ」や、「意識の共有」など、言い方はさまざまありますが、端的にいえば、「知るべきことを、知るべき人が知っている」状態のことです。

　コミュニケーションがうまくいってないと、次のような問題が起こると思います。皆さんのなかにも経験をお持ちの方が多いと思いますので、自分の状況に当てはめながら考えてみてください。

・ケース1（場長の場合）：場長が作業日報を見ると、分娩牛に飲ませるビタミン剤を従業員が与えていないことに気がついた。場長であるあなたは、従業員に「先月、分娩後すぐにビタミンを飲ませるって決めただろ！　何でやってないんだ？」と言いました。
・ケース2（従業員の場合）：従業員である私は、突然場長に叱られた。分娩牛にビタミンを飲ませていなかったからだ。場長は先月決めて皆に話したと言っている。自分は聞いた覚えがない。

　そうです。これは同じできごとを、異なる二つの視点から描写したものです。あなたはどちらのほうが悪いと思いますか？　この情報だけではどちらが悪いか判断はつきませんよね。一つだけ間違いないのは、お互いが嫌な気持ちになってい

るということです。

　場長からすれば、「伝えたのは確実だから、頭に入ってない従業員に憤りを感じる」と思います。「こいつは、ちゃんと話を聞いてないな」と評価を落とすことでしょう。従業員からすれば、聞いた覚えのないことで注意されて嫌な気持ちになりますね。

　通常この状況なら、立場上従業員が悪いということになりがちです。しかし、やり取りの証拠がないのであればどちらも悪くありません。正確にはどちらが悪いか考えること自体、無意味です。調べようがないのですから。

　回りくどい言い方をしましたが、こういう事態を招かないためにネットを活用すべきなのです。

## ＊ SNS で農場内グループを活用

　スマートフォンをお使いの方は、コミュニケーションアプリや SNS はご存知ですよね。チャットのように話をしたり、スタンプを使って話をしたりする例のあれです。

　メイプルファームでは SNS で社内グループを作って、全従業員にそのグループに入ってもらい、連絡はすべてそこで行なうようにしています（図5）。社内グループを作るメリットは多数あります。「言った・言わない」の水掛け論がなくなるというのは、今述べたとおりです。思いついたときに、すぐに連絡できるという点も優れています。

　「変更したことを連絡しなければ」と思っていても、メモすることを忘れて後回しにし、その結果忘れてしまうということは、よくあることです。連絡は早ければ早いほど良いですよね。

　また、言葉で説明するよりも写真1枚で伝わることもあります。SNS を使えば、わざわざ文章を書く手間が省けて、連絡をすることを億劫に思わなくなるメリットがあります。

## ✳ 牧場内 SNS のルールを決めよう

　ただし、牧場内の SNS 利用には、最低限のルールが必要です。SNS では、配信した情報を受けて誰かが見ると「既読」が付くというメリットがあります。しかし例えば、エサの変更など重要な情報を配信する場合には、全員に周知しつつ、一番伝えたい相手であるエサ担当者は、その内容を理解したらグループ内で返事をするようにしています。

　いちいち全員が返事をするのは煩わしいので、従業員は「この連絡は誰に向けたものであるかを判断し、それが自分に向けられたものであれば返事をする」というルールを設けています。

　また、仕事上でミスをしてしまった際には、SNS 上だけで謝るのではなく、しっかりと顔を合わせて報告することで緊張感の低下を防ぐことも大切です。

## ✳「伝える」より「伝わる」ことが大切

　社内での SNS 活用について書きましたが、当然「スマートフォンなんて持ってないよ！」という方もいるでしょう。しかし、この記事が無駄だと思わないでください。本稿で本当に伝えたいことは、「連絡は伝えることよりも伝わることが大切」だということです。

　スマートフォンを持ってなくてもいいのです。大切なことは、「この言葉は、きちんと相手に伝わっているのかな？」と疑問に思う気持ちです。

　紙に連絡を書いて貼り出して、読んだらサインをしてもらう、という方法でもよいでしょう。言葉というのはキャッチボールに似ていて、投げたら終わりではなく、相手が受け取るのを確認して、ようやくコミュニケーションとして成立します。

　先述のケース１のような状況では、「相手に伝わっていないのは、すべて自分のせいだ」と考えるべきでしょう。

　これを読んでいるお父さん、きちんと奥さんと会話していますか？ 奥さんに気持ちが伝わっているか、一度考えてみてくださいね。

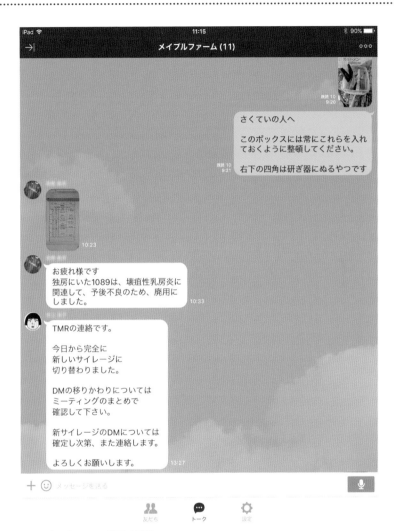

図5　牧場内 SNS の利用が便利

## 03 廃用の傾向を知ろう

### ＊長期のデータ収集がカギ

　データ管理の大切さは何度も述べているとおりですが、今回は廃用に焦点を当ててデータ分析を考えていきます。

　データ分析とは、「傾向を知る」ことです。その瞬間だけを切り取った数字では、あまり意味がありません。傾向を知るためには、ある程度情報を蓄積するための期間を要する、ということを知っておいてください。では、データを集め、1カ月後に分析結果を出せるかというと、そうはいきません。本当に意味のある分析ができるのは、データを集め始めてから2年以降です。それまでは根気よく、粛々とデータを収集するほかありません。データ収集には忍耐が必要です。

### ＊感情で判断しないために

　廃用のデータを収集するメリットを、具体的な例を示して説明しましょう。

　ある日牛が急性の乳房炎で廃用になったとします。高乳量でとても良い牛だったこともあり、とても悲しい気持ちになりました。そんなときにかぎって、翌朝追い打ちをかけるように滑走事故で突然別の牛が廃用になる……。考えただけで暗い気持ちになると思います。

　「これは困った。一大事だ。とにかく何かしなければ」と思い、翌月慌てて通路全面にマットを敷きました。これは正しい選択だったのでしょうか？　私にはそうは思えません。もちろんマットの良し悪しが問題ではありません。問題は、マットを敷くまでのプロセス、つまり判断の過程です。

　牛がいなくなるということは、牧場で起こるすべての物事のなかで、最も悲しいできごとの一つです。しかし、その悲しみと「判断」は、あくまで分けて考えるべきです。

　とくに高乳量の牛を失ったときには、ナーバスになっているため、性急に物事を判断してしまい、その結果正しい解決策を見出せない場合もあります。低乳量の牛も高泌乳の牛も、廃用になったことには変わりません。しかし、人は嫌なことは強く印象に残りがちで、その悪い印象がバイアスとなって「問題は床が滑ることだ！」と判断を急ぐことになったのかもしれません。

## **H**ints

★ 廃用の傾向を知ることが第一歩

039

## ＊データ分析の三つのポイント

　家畜を飼ううえで、事故はつきものです。とくに、牛の自主性に任せるフリーバーンやフリーストールにおいては、事故は避けることのできない「宿命」のようなものだと思います。

　では淘汰状況を正確に分析するためには何が必要なのでしょうか？ 正確に分析するためには、以下の三つポイントを抑えましょう。

①廃用を中期的なスパン（最低１年、できれば２年以上）で判断する
②廃用原因を大まかに「事故」「繁殖障害」「積極的淘汰」に分ける
③廃用率の数値目標を立てる

　です。

　この三つのポイントを押さえた後に、最優先課題を明らかにし、その解決に全力を注ぐことが大切です。ちなみに、問題の優先順位はさまざまありますが、基本的には「簡単かつ安価」で、かつ「効果の高い」投資を優先すべきだと考えています。

## ＊廃用の目標値を決めよう

　メイプルファームでは、コンサルタントの獣医師の提案に基づいて、以下の目標を立てています。

　年間飼養頭数 450 頭に対して
①通年の全廃用率　25 ～ 35%
②事故による廃用　15%以下
③繁殖障害による廃用　10%以下
④積極的淘汰　10%以下
例：年間飼養頭数が 450 頭の場合、通年廃用頭数を 112 頭～ 157 頭にする

　ここで注目すべきは、「廃用率の目標は 0%ではない」ということです。

　冷たい表現になりますが、経済動物を飼育していて、廃用が 0 というのは不可能に近いはずです。理想は長命連産ですが、日乳量 10kg しか出ない牛を積極的に飼い続ける人はほとんどいないでしょう。淘汰する線引きを考えるうえで参考になるのが、上記の廃用率です。もし、飼養頭数に余裕があるのであれば、ある

程度は積極的に牛を更新するべきです。積極的な更新をすると不利益につながると思いがちですが、結果的には生産性が上がり、利益が増えることになります。

　逆に、冒頭で例にあげた乳房炎と滑走事故で廃用を出した牧場が、仮に繁殖での廃用率が10%以上あり、事故の廃用が15%以下だった場合（例えば10%）、実は本当に取り組まなくてはならないことは、繁殖成績の向上です。事故のことは一旦置いといて、「なぜ繁殖の成績が悪いのか」「種が付かないのか」を話し合うべきなのです。

　1頭ごとの廃用だけを捉えると、その時点での判断者の体調や精神状態によって、課題を見誤る可能性があります。そうならないためにも、データを集め、傾向を知り、対策を講じてほしいと思います。

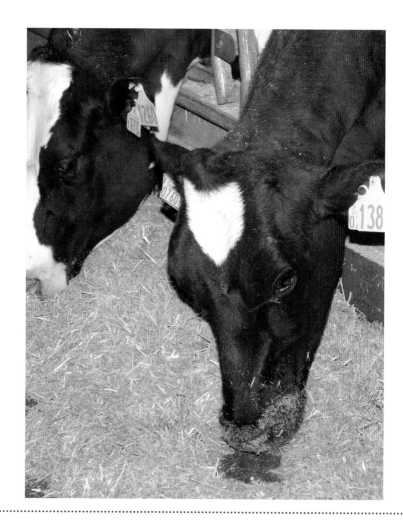

# 04 ミーティングの進め方①

## ＊ミーティング、やっていますか？

　「定期的なミーティングが大切だ」と、皆声高に言いますが、実際、どのように
ミーティングを進めるのか、困ってしまいますよね。

　とりあえず机を囲んで、皆で顔を合わせてみたものの、とくに話すことがない。
仕方がないからお互いの身の上話でもしようか、といった具合ではあまりよろし
くありません。

　そこで、実際にメイプルファームで行なわれたミーティングを例にとり、どこ
が重要なポイントなのかを一緒に考えていきましょう。

　細かく説明する前に、まずは大まかな流れを示します。ちなみに、ここから紹
介するケースはメイプルファームで実際に起こったことです。

①【トラブル発生】新人従業員が、誤って抗生物質治療中牛を搾乳した

②搾乳事故を全従業員に報告

③次回ミーティングまでに、「なぜ搾乳事故が起きたか？」について、解決策も合
　わせて考えてくるよう指示

④ミーティングを行なう（解決案を考える）

⑤解決案を試してみる

⑥ミーティングを行なう（検証）

⑦検証結果を基に、さらなる解決案を模索する

⑧ミーティングでさらに検証する

　このような流れで行ないます。気が付いたでしょうか？ 必ずしも、一度のミー
ティングですべてを決めるというわけではないのです。そして、ミーティングの
工程とは、ミーティングだけを行なうのではありません。むしろそれ以外の準備、
行動が大事なのです。

★ 事故やトラブルが起きたことを改善の好機と認識しよう
★ 誰がやってもミスを起こさないような状況を作ることが
マニュアルのゴール

## ＊問題点を洗い出す

　上記の行動のなかで、一番重要かつ集中すべきポイントはどこでしょうか？

　④のミーティングを行なう、ですか？　そうですよね。これはミーティングの話なのだから、「ミーティングを行なう」ことが一番大切だと思いますね。しかし、残念ながらその回答は、不正解です。

　重要なポイントは、①の「新人従業員が、誤って抗生物質治療中牛を搾乳した」瞬間です。この時点で、事故を「問題」と認識できなければ、今回のミーティングは行なわれず、その後の解決案も生まれませんでした。

　「そんなの当たり前のことで、言うまでもないことではないか！」とご立腹の方。では次のように表現を変えたら、どう答えますか？

　「あなたは従業員が（奥さんが、後継者が）ミスを起こしたとき、頭ごなしに叱りつけ、そのままになっていませんか？」

　私は、誰かがミスを犯した際、きちんと原因究明をする前に頭ごなしに叱りつけてしまうことは、とてももったいないことだと思います。

　牧場の改善やレベルアップを図る最高のタイミングは、「何か問題が起きたとき」「誰かが問題を起こしたとき」なのです。これは、とても重要なポイントです。

## ＊事故が起こらない状況を作る

　誰かがミスを犯したとき、例えば抗生物質治療中牛を誤って搾乳してしまったら、当然がっかりするし腹が立ちますね。しかし、怒りに任せて感情的になる前に、一度冷静になってください。そして、事故の原因は何なのか、問題を起こした人が100％悪いのか、ご自身で考えてみてください。

　私は、問題が起こる原因の大半が、教育不足かルールの未整備にあると思っています。そして、問題改善のゴールは、「ミスや事故が起こらない状況を整備する」ことだと思います。さらに強調するならば、「ミスや事故が『起こりえない状況』を作る」ことです。

　前段で、牧場の改善やレベルアップを図る最高のタイミングは、「何か問題が起きたとき」「誰かが問題を起こしたとき」と示した理由は、牧場全体がその問題に最も関心を持っているときだからです。

　問題が起きた瞬間は、誰しも罪悪感や悔しい思いをするでしょう。「解決しなければ」といった使命感もあります。しかし、時間が経つにつれて、その気持ちも次第に薄れてしまうでしょう。

## ＊間を空けずに課題解決に向かう

　問題が発生してから1カ月も先送りにして、そこから解決策を話し合っても良いアイディアが出なかったり、新しい試みも定着しなかったりするかもしれません。

　また、現状で問題となっていないことに対して、新たなチャレンジをしようとしても、従業員はそうそうやる気になってくれません。

　例えば、リーダーが雑誌で有効なケトーシス対策を見たとします。そして、「こいつは良いや！ すぐにやろう」と思い、翌日から従業員にその対策を実施させたとします。しかし、従業員はあまり積極的に参加してはくれないでしょうし、もしかしたら、リーダーに無断で行なわなくなってしまうかもしれません。

　興味深い技術を見つけると、すぐに実行してみたい気持ちはわかります。しかし、その技術が今、牧場にとって最善の行動であるかを考えてみてください。この例であれば、自分の観察やデータ分析、そして獣医師の意見も聞きつつ、まずはケトーシスが問題になっているのかを判断しましょう。もし、現状でケトーシスが問題でないのであれば、今すぐ取り組む必要はないかもしれません。また、現場の従業員に相談してみても良いでしょう。このように、問題を明確にすることは、リーダーの大切な仕事のうちの一つです。

　とにかく重要なことは、問題を見つけることです。それに尽きます。
　まずは問題を問題と認識すること。すべてはそこから始まります。決して従業員や奥さん、後継者、ヘルパーさんのせいにしないでくださいね。そうしていれば、きっと夫婦円満、親子関係も良好、ヘルパーさんも給料以上の働きをしてくれることでしょう！

## 05 ミーティングの進め方②

### ＊責任を持ってもらおう

さて、問題を問題と認識することはできました。さらに具体的にメイプルファームの例に沿って考えていきましょう。

その前に、重要なことを記します。それは、問題を起こした人間を注意することです。まさか「抗生物質治療中の牛を搾乳してくれたおかげで、問題を認識できた！ どうもありがとう！ 君には非常に感謝しているよ」、なんて言いませんよね。そんなことをすれば職場のモラルは著しく低下することでしょう。

ミスはミスです。本人の過失はどんな状況であれ、存在します。しっかりと謝ってもらいましょう。一度謝ったら、「次は気を付けようね」と言ってあげて、再びミスをすることがないように促しましょう。何事もおいても、責任を感じることは大切です。

### ＊解決案を持ち寄ろう

さて、農場で問題が起きたら、まず全員に報告をします。しつこいようですが、ここで頭ごなしに「なんて馬鹿なことをやったんだ！」と叱り、その場で、当事者間で解決させてしまったら、それで何もかもおしまいです。もし、そういうケースが多いのであれば、短い気を長くする努力をしましょう。

事故が起こったと報告した後は、次のように連絡をします。──「抗生物質治療中の牛を搾乳してしまいました。起きた原因はなぜか、どうすれば解決できるか、来週のミーティングまでに考えてきてください」

そうして一週間考える期間を与え、それぞれが考えた案を提出してもらいます。当日のミーティングには、それらの案を一覧にまとめて臨みます。

まずは今回具体的にどのような状況で搾乳事故が起こったか説明しなければなりませんね。状況としては

①ある牛を高熱治療していた

②治療が終わり休薬期間も過ぎたので、朝搾乳の生乳サンプルを採り、検査に出した

③朝搾乳後、高熱を再発したので治療を再開した

④「検査中」と書かれたカルテに気がつかず、治療カルテを二重で作ってしまった

· **H**ints

★ 効果が高く、それでいて労力の掛からない改善案を目指す

★ 悪い提案などありません！ポジティブに受け入れましょう

⑤抗生物質検査の結果が「陰性」だったので、抗生物質治療牛の印のバンドを外し、昼の搾乳で通常どおり搾乳してしまった

　文字にすると少しわかりにくいのですが、現場では上記のようなことが起こりました。

047

## ＊持ち寄った案から解決策を導こう

　この事実を受けて、従業員達が出してくれたものが、「抗生物質治療中牛の取り扱いマニュアルがない」「治療中牛と治療終了検査牛のカルテが分けられていない」「カルテが二重になっていないかチェックするチェック表がない」などの問題点です。

　そこで、これらの問題点をテーマに話し合った結果、「治療のマニュアルを作る」「検査牛と治療中牛を分ける」「チェック表を作る」の３点が決まりました。ほかにも良い意見はたくさんあったのですが、ここで重要視したのは「なるべく労力を増やさない」ことです。同じ結果が得られるのであれば、仕事は楽に越したことはない、というのが私の持論ですが、ほかにも理由があります。

　それは「大変で面倒な作業は続かない」からです。新たな取り組みを始めた当初は、何でも頑張れるものです。それは例えば、新品のノートの最初の数ページだけ極めてていねいに書くようなものです。続かなければ何の意味もありません。その見極めも肝心です。

　ただし、提案された意見が、たとえ仕事を増やして労力が多いという理由で採用を見送ったとしても、「この意見は実現できないから却下だね！」といったように否定することはやめてください。その意見は大切にしまっておいて、労力のかからない試みがうまくいかなかったときに引き出しから出して、再び検討すればよいのです。

　出されたアイディアは、すべてポジティブに捉えましょう。新人の従業員が経験の少なさゆえに突拍子もない意見を出したとしても、そういうアイディアこそが、突破口になることもあります。

　問題を解決しようと考えて出されたアイディアに、悪い意見は存在しません。もしつまらないと思ったら、それはあなたの心に問題があります。必ず良い面があるので、それを褒めるべきです。さもなければ自分のアイディアをけなされた人間は、二度とアイディアを提案しなくなるでしょう！

## 06 ミーティングの進め方③

### ＊決め事を実行に移そう

　ミーティングの結果、採用された3アイディアのうち、「マニュアル作り」が普段の作業を妨げることなく、労力も増えない対策です。マニュアルの作成は、得こそあれ損することはほとんどないはずです。基本的に、マニュアルのない作業が農場に存在しないような状態にすることが理想だと思います。とはいえ、牧場内にはあまりにも作業が多いので、必要に迫られた作業から順次、マニュアルを作っていけばよいのではないでしょうか。この話はすでに述べた「問題が起こっているときが改善のチャンス」と通じるものですね。

　マニュアルに関しては、抗生物質搾乳事件が起こったその日のうちに作ってしまいました。マニュアルの利点は、「新しい仕事を始める際に、仕事を覚えやすい」「忘れたら見返すことができる」という点ですが、「問題を起こさない状況を作る」という点においては、少し弱いように思います。そこで、残り二つの意見「検査牛と治療中牛を分ける」「チェック表を作る」を実行していくことになります。

### ＊継続できるルールを作ろう

　初めてのミーティングでは、細かい内容までは決めません。時間がたっぷりとあれば別ですが、基本的にはミーティングは30分以内と決めているので、内容よりも実行することそのものさえ決まればよいのです。何事も、まずは目的地を決めなければなりません。やるべきことは決まったので、後は具体的に「何を、どうするのか」を考えるのです。

　ここで、焦りは禁物です。「必要なことだから、早急に内容を固めたほうがよいのでは？」と指摘されそうですが、焦って中途半端なものを作るよりも、じっくり長く継続できるルールを固めるがほうが重要です。

　仕事の合間や自由な時間に、それぞれどのような内容が適切か話し合い、アイディアを出しました。そして1週間後のミーティングで二つのチェック表と、検査中牛を目立たせる一つのアイディアが具体案としてとしてあげられました。

　ミーティングではこの二つのチェック表のうち、どちらがより良いかを話し合いました。話し合いで全員が同意した結果、一方のチェック表を使うことに決まりました。それは、朝の搾乳後2人の人間がカルテの重複がないか確認し、確認したらサインをするというものです。

　もう一方の検査中の牛のカルテを目立たせる案は、私が提案した案で、赤いマグネットを付けて目立たせることにしました。

## *実行後はブラッシュアップを

049

　二つの案が決定した後、それぞれ１週間実行してみました。実行してみると、「この部分を、もう少し変更したほうがよいのではないか？」といった意見が出てきます。こうした意見を基に、段々とブラッシュアップ（改善）していくのです。PDCAサイクルでいうところの、C（CHECK）とA（ACTION）です。改善し続けることがポイントです。

　締め切りのあるプロジェクトであれば、期日までにきちんとした結論を出す必要があるので、根を詰めて話し合うことも必要です。しかし、牧場で作業するうえで、そこまで緊急性のある課題はあまりないのではないでしょうか。

図6
抗生物質治療牛の
チェック表

　ですから、時間をかけてひたすら話し合うよりも、一度話し合って決めた事項を実行してみて改善を重ねるほうが得ることが多いように思います。話し合いに時間をかけるよりも、「まずはやってみよう！」というわけです。

## ＊アイディアがアイディアを生む

　ある提案が、まったく別の新たなアイディアを生むきっかけになることがよくあります。私の提案である「赤いマグネットで目立たせる」を基に、検査中の牛を「別の場所に張り直して目立たせる」といった違った意見を出してくれた従業員がいました。それは、とても良いアイディアだと思えました。さっそく実行してみると、私の提案よりもはるかに良い案でした。すぐに採用し、実行しました。実はそのアイディアを出してくれた人こそが、今回のミーティングのきっかけとなった搾乳事故を起こした従業員でした。

　ミスをした従業員が、私でも思いつかなかったような良いアイディアを出してくれることに、とても感動しました。良いアイディアは、誰のものだろうと採用するべきです。

　もしもリーダーが、自分のプライドを優先した結果、誰かの良い提案を潰すようなことをしていたとしたら……、これ以上は言うに及びません。

　さてミーティングの進め方も、これで終わりです。メイプルファームでは、今回のミスがきっかけで、その後３～４回掛けて素晴らしい改善に取り組むことができました。根気よくアイディアを試していったら、いつしか最善の方法にたどり着けるはずです。まずは全員でミーティングをしてみましょう！

図７　赤い棒状のマグネットを使って治療牛をわかりやすくした例

# 07 チームを作ろう①

## ＊チームは作るもの

　メイプルファームでは、これまでさまざまな問題を解決し、改善・成長してきました。しかし、それは決して私だけの力ではなく、コンサルタントや獣医師、従業員が一丸となって取り組んできた結果です。このように皆で問題解決に取り組んでいるとき、チーム力を発揮していると強く感じます。とはいえ、初めから私達はチームとして機能していたわけではありません。

　私が就農した当時、従業員間のコミュニケーションは行なわれておらず、リーダーと部下たちの間にも大きな溝があったように思います。要するに、皆がギスギスしている状況でした。

　もし、本書を読んでいるあなたが、従業員との関係がうまくいっていないとしたら、この項を読んで解決に結び付けば幸いです。

## ＊リーダーに求められる資質

　今振り返れば、ギスギスした職場環境では、何をしてもうまくいかなかったように思います。知りたいことがあっても誰も教えてくれません。コンサルタントから課題を出されても、それに取り組むことができない状況でした。

　私が就農した当時、メイプルファームの従業員は、複数国の海外研修生が6人、日本人が4人でした。そして、そのなかの2人の海外研修生が、搾乳の現場リーダーでした。牧場を設立して間もなかったため、その時点で経験と知識のある海外研修生をリーダーにしたことは仕方のない部分も多分にあったと思います。確かに仕事は速いし記憶力も良いのですが、コミュニケーションの分野では困難がありました。日本人と海外研修生が混在するなかで、リーダーが日本語を使いこなせないことは、大きな障害でした。

　牧場の規模が大きくなるにつれて、リーダーに求められる資質は、個人の能力よりも「いかにチームを一つの方向にまとめるか」というコミュニケーション能力のほうが高くなります。従業員が何人以上になったらコミュニケーション能力のほうが高くなるのか、その明確な基準はありませんが、例えば私の父が個人で約100頭飼養していた頃は、2〜3人の海外研修生達がとてもよく働いてくれていたそうです。常に目に見える範囲で仕事に従事し、言葉を交わさずとも意思の疎通ができるような状態では、コミュニケーション能力の高さはあまり必要ないのかもしれません。

　そして父のその経験が、後に大規模化した際に意識の転換を妨げることにつながったのだと思います。

　「今まで一生懸命働いてくれた。だから海外研修生を多くすれば、それだけ一生懸命働く従業員が増えるだろう」と思う父の気持ちは十分に理解できます。しかし、規模拡大後のメイプルファームでは、結果として従業員同士の意思の疎通がうまくいかず、従業員それぞれが、個人で仕事をしているような状況になっていました。

## ＊従業員が能力を発揮できる環境を作ろう

　何事にも向き不向きがあったり、個人の特性があったりします。そして、複数の言語が存在する現場では、共通の言語に精通する人間がリーダーになることが、必要最低限の条件だと思います。

　現在のメイプルファームの従業員は日本人10人、海外研修生5人ほどです。現在でも、海外研修生はとても良く働いてくれる牧場の重要な戦力ですし、とても信頼しています。しかし、従業員の配置を誤ると、本来の能力を発揮できないままになってしまうこともあります。そのため、それぞれの特性を理解して、的確に配置できる資質が必要なのです。

　さて、メイプルファームが経験のある日本人従業員の不在をどうカバーしたかですが、その一つに、知識も経験もない私がリーダーとしての能力を習得していったということがあります（本当に少しずつではありますが）。

　新規就農や規模拡大の際に、人材不足は避けられない問題です。一度は、どの牧場も苦労するはずです。

　就農当初、先述したようにギスギスした環境など、確かに嫌なこともありましたが、ここまで続けて来られたのは、仲の良い従業員達と楽しく過ごすことができたからだと思います。

　牧場に関わるすべての従業員が、個々の能力を最大限発揮できるような環境を作ることこそ、リーダーの仕事だと信じています。

# 08 チームを作ろう②

## ＊負の環境は急改善しない

　私が酪農の知識と経験を習得し、リーダーとして資質を身に付けていくだけでは、従業員達はチームとして機能してくれませんでした。

　ここまでメイプルファームの内情を赤裸々に語る必要があるのか不安になりますが、就農当時、明らかに私は日本人の従業員達から反目されていたように思います。私の被害妄想を多少加味しても、どうしてもうまくいってなかったように思います。

　例えば、コンサルタントからある指示を受け、それを従業員に伝えたとしても、「そんなことはやりたくない」「それをやるには、○○というデメリットがあるからできない」といったように、否定する理由ばかり探して、積極的に問題解決へ取り組もうとするムードはありませんでした。

　私は就学と就職のために、就農前に実家を出て、都会で５年暮らしていました。牧場に戻る頃には、久しぶりの田舎暮らしに多少の憧れもあったように思います。昼は草地でギターを弾きながら皆で歌い、夜は干し草の上でウイスキーを呑みながら語り合う、そんな牧歌的な風景への憧れです。

　しかし実際には、就農した頃のメイプルファームでは、殺伐とした職場環境に耐えきれず、従業員達は長続きせずにすぐに辞めていく状況でした。入社したある人が１週間で会社を辞めたときは、「いよいよこの牧場もピンチだな……」と思ったものです。

　一度できた負のムードは、劇的には改善されることはありません。

## ＊パートナーができた

　今なら、短期間で辞めてしまった彼らも、牧場の労務環境に満足して素晴らしい仕事してくれるに違いありません。労務環境が悪い時代に入社してしまったことは、不運だったとしか言いようがありません。とても申し訳なく思います。もし、本書を読んでいる方のなかに、当時の従業員の方いらっしゃいましたら、ぜひ一報ください。

　身の上話はさておき、「従業員との意思の疎通がまったくできない」と悩んでいる方は、少なからずいるのではないでしょうか。そこで、ここから意思疎通が好転した転機についてお話します。

　きっかけは、１人の酪農後継者の入社でした。その人には北海道で自分が後継

・ **H**ints

★ 信頼できる人を 1 人味方に付けることが、チーム作りの第一歩

する牧場がありますが、メイプルファームには、修行という形で就農しました。

その当時は、新しい従業員が入社してきても、牧場に漂う不穏なムードに感化され、すぐに経営陣と対立することがしばしばあり、私も半ば諦観の境地に達しかけていました。しかし彼とは、後継予定者であるという境遇や年齢も近いことから、就農以降初めて、日本人従業員との間に良好な関係を築いたのです。

彼の言葉で印象的だったのは、「これだけ素晴らしい設備と牧場レイアウトがあるのに、活かしきれておらずもったいない」という言葉です。

私の父であるメイプルファームの社長は、牧場のレイアウトを考える点で、とても長けています。牛や人の動線、設備のスケール感など、牧場で働いていて不満を感じることはほとんどありません。設備に関しても、有用だと思った物については積極的に投資し、そのための情報もまめに収集しています。

彼は北海道からメイプルファームに研修に来て、「ハード面が充実しているので、従業員のチームワークさえあれば、きっと成長する」と感じたのでしょう。私と彼はすぐに打ち解けて、牧場の運営改善のために、さまざまなチャレンジを始めました。

その当時はまったく意識していなかったのですが、今振り返るとその瞬間が「チームとして機能した初めての瞬間だった」ように思います。2 人でチームとして話し合いを重ね、改善案を出し、皆に伝える。その結果、今まで長続きしていなかったことが、徐々にできるようになりました。そして、その後に入社した新人の従業員達は、以前の暗黒時代のことを知る由もなく、牧場の問題に一丸となって取り組んでくれました。

## ＊最少単位のチームから始めよう

「2 人」は、チームの最小単位です。当たり前のことですが、とても大切な単位だと思います。当時私は、何とか従業員をまとめようと、必死に語りかけをしていました。しかし、チームをまとめようとミーティングを行なっても、話は一方的になってしまい、手応えがありませんでした。

彼が来てから、「1 人の指示」が「複数の意見」に変わりました。これはとても大きな違いです。「複数の人が決めたことだから」という説得力があるからです。

もし、「従業員の皆が言うことを聞いてくれない」と感じていたら、一度に全員の意識を変えることは一旦諦めるべきかもしれません。まずは 1 人の仲間を作る。それがチーム作りの第一歩です。2 人組を作れていないうちは、チームとし

ての能力は「ゼロ」です。1人も仲間にできていないのに、皆を味方に付けることができるはずがありません。チームにおいて、「1人」というのは「1」ではなく「ゼロ」なのです。

　個人で経営されている農家さんにも、同じように考えていただきたいです。奥

さんとチームを作れていますか？ 息子さん、娘さんとはチームになれています
か？ まずは２人組、３人組を作りましょう。そうすれば、そこからプラスの連鎖
が始まるはずです。

# 09 繁殖データを活用しよう①

## ＊繁殖にもデータを活用しよう

　データを集積し、分析しまた活用する事例は Chapter2-3 でも述べました。ここでは、繁殖成績へのデータ活用法を紹介していきたいと思います。

　あらかじめ断っておきますが、皆さんもご存知のとおり、各社からさまざまな繁殖管理ソフトが提供されています。それらのどのソフトについても、しっかりと使いこなせれば、とても有用だと思います。ここから紹介するのは Microsoft 社の Excel（エクセル）を使用した管理方法です。エクセルを使ったデータ管理は、汎用性の高さにおいて利点があります。ここで紹介する方法か、市販の繁殖管理ソフトを使うか、ご自分に合った管理法を模索してください。

## ＊データは2進法で記録しよう

　まずは図8を見てください。エクセルを利用したデータ管理のポイントは、「二進法で管理する」「フィルター機能を活用する」「並べ替えを活用する」の3点です。

　データ入力で共通するルールとして、基本的には「2進法で物事を考える」と

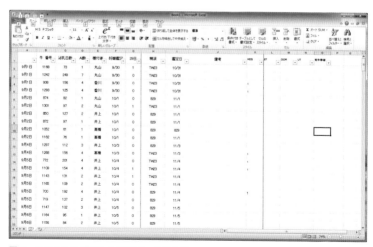

図8　エクセルを活用した繁殖データの分析

**Hints**

★ データ解析は２進法、フィルタリング、並び変えが重要

★ 問題認識が改善の出発点

いうことを覚えていてください。この考え方は、さまざまな場面で役に立ちます。

ここでは、種付けをした牛に対して、妊娠鑑定がプラスであれば「1」、マイナスであれば「0」と入力します。まずは毎日の授精後にコツコツと入力を行ないます。慣れてしまえば入力自体はすぐ終わるでしょう。

その後妊娠鑑定結果を入力していくことで、すべてのデータが揃いました。ここからいよいよ分析の開始です。

## ＊基本操作だけで分析が可能

ここからは、エクセルのバージョンによっては操作方法が多少異なる可能性があります。2015年現在での最新版を想定して操作を解説します。

妊娠鑑定結果を二進法にしたのには、理由があります。図９のように０と１が羅列していますがそれらを選択するだけで受胎率がわかるのです。「1」がそのまま受胎した牛の数になり、「ゼロ」を含めた総数を分母に計算するだけで、瞬時に受胎率出ます。

始めのうちは授精を「○」、そうでないものを「×」と入力していました。しかしこれは数字ではなく文字と認識されます。そのままでは割合にならないのです。

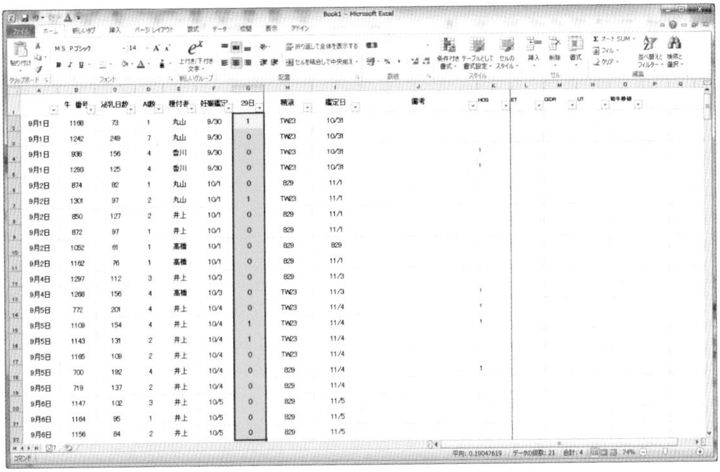


図９　データは２進法で記録しよう

パソコンに詳しい獣医師からこのアイディアをいただき活用しました。0と1で表すことは、ほかのデータ管理においても有用です。「ある」か「ない」に分けられるか考え、なるべく二進法で表すのがヒントです。

続いてフィルタリングに進みます。

エクセルのタブ中に「データ」というタブがあります。それをタブのなかに、「フィルター」と機能があるはずです。フィルター機能の使い方は、それをクリックするだけなのです（図10）。

フィルターはそのアイコンが示すとおり、コーヒーのフィルターのようなものです。コーヒーは、お湯を注ぐとコーヒーの抽出液のみがカップに注がれ、豆はフィルターに残りますよね。それと同じことを、データ上で行ないます。フィルター機能を使うことで、ほしいデータだけ選別して取り出すことができる。大げさに言えば、これこそがエクセルによるデータ管理の神髄と言えるものではないでしょうか。

## ＊データを改善に活かそう

メイプルファームにおいてフィルター機能で抽出する項目は、「授精者」「精液」「繁殖治療」「授精回数」です。例えば、授精者が複数いる場合、授精者別の受胎率が瞬時にわかります。授精者にとって、ある意味恐ろしいデータでしょう。しかし、仮に特定の人物がほかの人と比べて、明らかに受胎率の差がある場合、授精方法が統一されていない可能性があります。

メイプルファームでは私も含め従業員が複数名、そして往診の獣医師も複数名、授精します。やはり授精者によって10％近くの差がありました。そこで、全員で

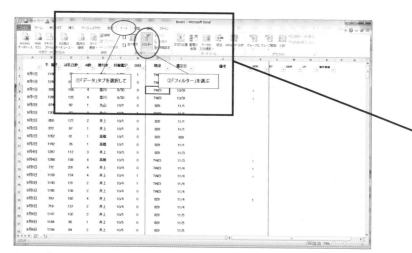

図10 「フィルター」機能で簡単にデータを抽出できる

集まり、授精方法を細かい部分まで確認し合い、すべての作業を同じ手順で実施するようにしました。その結果、受胎率の格差は改善されました。

　大切なことは、問題を認識することです。問題を認識しさえすれば、あとは試行錯誤するうちに改善へ向かうでしょう。不幸なことは、問題を問題と認識できていない状態です。

　同じように、使用する精液によっても受胎率に大きな差があることがわかりました。技術者達が「なんとなく、付きが悪いなぁ」と思っていても、十分なデータがなければ、精液によって受胎率に差があることに確証は持てませんよね。エクセルを使えば、瞬時に精液別の受胎率を比較することができるのです（5分もかかりません！）。

　メイプルファームでは、新しい精液を試すときは新旧の精液をそれぞれ5頭ずつ交互に授精し、両者の受胎率を比較して受胎率に問題がなさそうであれば、本格的に使うようにしています。

　三番目の「並べ替え」ですが、読んで字のごとく、数字を小さい順（あるいは、大きい順）に並び変える機能です。

　泌乳日数ごとに受胎率を比べたい場合は、ある程度、泌乳日数でフィルタリングした後、「並べ替え」を行なうことで可能になります。好みの問題ではありますが、例えば50日ごとに牛を分けて、分娩後日数で並び替えることで、受胎率の比較ができます。

　最後になりますが、とくに頭数の少ない個人経営の農家さんに注意していただきたいことがあります。データは「n数」、つまりサンプル数が増えれば増えるほど、理論値に近づき、信頼性が増すものです。10頭程度のデータを分析しても、それは傾向ではなく偶然かもしれません。データに有意性があるかどうかには複雑な計算を伴うので、とりあえずは周りの獣医師などに相談するとよいでしょう。

　もしデータを分析する担当者自身の受胎率が悪かった場合……、プライドのあまりデータを改ざんしたら恐ろしいことです。いつか、その担当者の悪行は、明るみに出て恥をかくでしょう！　空からデータの神が見つめています！

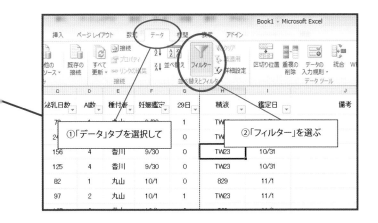

# ⑩ 繁殖データを活用しよう②

## ＊精液による受胎率の差を考慮

ここからは繁殖のデータ管理の実例を紹介していきます。

Chapter2-9 でも少し触れたように、精液によって受胎率が大きく異なることがわかりました。その違いには、種雄牛の個体差などが関係するのでしょう。

現在のように、新旧の精液をそれぞれ5頭ずつ授精させ、互いの受胎率を比較したうえで採用するかどうかの判断をする以前は、精液は一括して変更していました。つまり、メイプルファームでは、常に特定の精液のみを使用していたのです。

図11 を見てください。例年2～5月は気候が安定していることもあり、受胎率はあまり減少せず、横ばいか上昇することが多いように見えます。しかし、2014年は2月から3月にかけて、過去最高の下がり幅を見せました。

実は2014年2月頃から、使用する精液を変えていました。しかし受胎率が下がったことを受けて、以前使っていた精液へ戻すと、5月からは例年のように受胎率が安定したのです。

## ＊前年との比較が最小単位

このことからわかるように、データ管理とその分析が真価を発揮するのは、2年目以降です。1年目は比較する対象がありません。2年目以降であれば、前年との対比を行なうことができます。環境や飼養形態に大きな変化がないのであれば、受胎率に差が出る背景には、何かしらの別の原因があるはずです。

環境は飼養形態において変更がないのであれば、例年受胎率が下がることがない2～5月に受胎率が低下したということは、「精液に問題がある」という仮説を導き出します。このように、蓄積したデータを活用して、精液の選別に役立てます。

ちなみに、ここではわかりやすいように、「受胎率」だけを問題にしていますが、精液の選別には肉牛としてのブランド価値も考慮しています。念のため、受胎率だけで精液を決めているわけではないということを断っておきます。

このような経緯で、メイプルファームでは一度に精液を変更してしまうのではなく、新旧の精液を同時に使い、比べるようになったのです。

★ 現場では結果から原因を予想する

★ データ収集は 2 年目から真価を発揮する

## ✳ サイレージの質と受胎率

また、このほかにも受胎率に関して、興味深いデータがありました。

メイプルファームでは毎週、乳量と DMI のデータをグラフ化して確認・分析を していますが、ある時期、特定のロットの自給グラスサイレージの品質に問題が ありました。獣害によってサイレージのビニールに穴が空けられていて、カビが 生えていたのです。当然 DMI と乳量が減少しました。しかし、同時期にほかの ロットのグラスサイレージを与えていた期間は、乳量も DMI も減少しませんでし た。

ふと、その期間の受胎率を確認すると、精液は同一のものを使い続けているの にも関わらず、低品質サイレージを与えている期間だけ受胎率が著しく低いこと が明らかになりました。

このことを獣医師に伝えると、「カビ毒の作用によって、受胎率を下げることが ある」という見識をいただきました。このことから、「サイレージの品質と受胎率 に関係性がある」という経験を積むことができました。そして、「自給飼料の管理 を、より一層ていねいに行なわなければならない」と認識することになりました。

## ✳ 結論から過程を推測すべし

牧場でのデータ収集は、学術的な試験ではありません。安易に結論を出すこと は危険ですし、あくまで参考程度にとどめるべきだと思います。しかし、現場で 起こった結果がすべてであることも事実です。

いくら理論と仮説が整合性を得ていても、結果と結びついていなければそれは、 現場的に誤りであると思います。データの収集方法が間違ってさえいなければ、常 に結果が正しいのです。結果から過程を推測するべきだと思います。現場主義と 言い換えることもできます。

仮説を立てて検証し、正解に最も近いアプローチを続けるために、データ収集 は必要なのだと思います。データを活用すれば、必ず牧場のレベルを押し上げて くれるはずです。

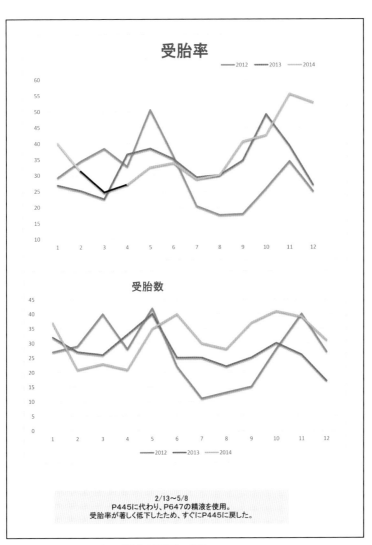

図 11　2012 〜 2014 年の受胎率と受胎数の推移

# ⑪ 搾乳マニュアルを作ろう

## ＊搾乳マニュアルはもっとも優先されるもの

　あなたの牧場に、搾乳マニュアルはありますか？ すべての作業において、マニュアルが存在する状態が理想だと以前述べました。しかし、一度にすべて作るのは大変です。まずは必要に迫られたものから優先して作りましょう。そういう意味では、搾乳マニュアルは優先順位の最上位に位置するでしょう。なにせ私達にとって搾乳は、やめてはいけない大切な仕事なのですから。

　搾乳マニュアルがないと、搾乳者間に手技の差が生まれます。牛は規則性を好む動物なので、毎回違う搾り方をされたら気持ち良く生乳を出してくれません。

　たとえ頭の中に確固たる手順があり、従業員に時間をかけて口で伝えたとしても、いずれ少しずつ搾乳技術が変わってしまうかもしれません。

　搾乳マニュアルは、搾乳を１から覚える新人にとって、学習の補助になります。また、滅多に牧場へ来ないヘルパーの方には、その牧場の搾乳作業を思い出すためのきっかけになることでしょう。

　このように、マニュアルにはたくさんのメリットがあります。マニュアル作りの第一歩として、まずは搾乳マニュアルを作っていきましょう。

## ＊マニュアルとは言語化・ビジュアル化

　搾乳方法は酪農家ごとに違います。前搾りの回数、清拭方法、ミルカーを付けるタイミングなど、すべてにこだわりがあると思います。

　ここで示すメイプルファームのマニュアルが、絶対であるということはないと思います。牧場の環境や牛の能力、牛の生態学の新たな知見などによって、マニュアルは変わると思います。ここで示す例を参考に、自分なりのマニュアルを作っていきましょう。

　マニュアル作りにとって重要なポイントは、あいまいな部分をなくすことです。あいまいな部分をなくすことこそ、マニュアルの存在意義ともいえます。そして、マニュアルとは「言語化」「ビジュアル化」です。もし、あなたの頭の中で思い描いている作業をすべて言葉にできるのであれば、それはすべてマニュアルにできます。しかし、「言葉にできない感覚的な事柄」は、マニュアル化できません。「言葉にできない感覚的な事柄」、つまりニュアンスは、ほとんど相手に伝わらないといってよいでしょう。

## • **H**ints

★ マニュアルとは、言語化・ビジュアル化・数字化のことである
★ 言葉にできない、あいまいなままのルールは伝わらない

「ぽよーんとした乳房は、"がっ"とやるんじゃなくて、"ふわっ"と搾るんだ。牛が喜んでいればそれでよし！」――これはマニュアルとはいえませんね。

　言葉にできない感覚を、急いで他人に伝えることはあきらめましょう。そういう種類のものは、大切な人にだけ、時間をかけてゆっくり伝えればよいのです。まずは、頑張って言葉にできるように努力しましょう。

067

---

## 搾乳マニュアル

### 1.プレディップ(オレンジ)をつける
・6頭まとめてつける
◇目的◇ 消毒。また汚れを浮かす
～ここからは3頭ずつ作業を行う～

### 2.前搾りを行う　1乳頭5回ずつ
・ブツ、透明な乳汁を見つけたら主任に報告する
・しっかりと牛乳が出るまで搾る。ただし強すぎても不適当
・牛が足をバタつかせるのは、前搾りが下手な証拠。力加減を調節する。

◇目的◇ 搾乳刺激を与え、オキシトシン(射乳ホルモン)を促す　及び乳房炎の発見

### 3.清拭装置で乳頭を洗う　1乳頭5回転
・5回転するまでは決して乳頭から離さない
　※5回は装置の最低設定回数であり、これ以上少ないと汚れが落ちない
・目で見て汚れが残ってる場合は落ちるまで洗う。
・乳頭回りが特に大事なので。カップを上に押し付けるように洗う

◇目的◇ 乳頭の洗浄　及びに刺激を与える

### 4.ミルカーをつける
・乳頭が折れていると搾れないので、まっすぐ装着する

### 5.ポストディップ(ブルー)をつける
・根元からしっかりつける。滴る程度・
※ディップが下に滴ることによって、乳頭口をふさぎ、菌の侵入を防ぐ

### 6.ミルカーを洗う

## ！注意事項！

赤バンド　青バンド牛が入ってきた場合は、直ちにホースを抜く
この作業は全ての作業の中で最優先に行う

盲乳バンド(黄色バンド)も薬が入っている場合が多いので、細心の注意を払う

誤って赤バンド、青バンド、黄色(盲乳)バンドを搾った場合は直ちに主任に報告し
主任、もしくは本人、並びにすべての人間が最優先でバルクのコックを締める

図12　数字を使ってあいまいさをなくしたマニュアル

## ＊数字を使うと伝わりやすい

　そして最もわかりやすく相手に手順を伝えるコツは、数字を使うことです（図12）。例えば、前搾りの回数は、しっかりと決めるべきです。「大体２〜３回」ではだめです。そういうあいまいさが、いずれ堕落を生みます。３回なら３回。10回なら10回。「それ以外はダメだ」と教えます。

　メイプルファームでは、１人が一度に６頭の搾乳を担当します。そして、その６頭を「３頭ずつ搾る」と明記しています。状況によって、頭数を変えることはありません。決まったことを守ってもらいます。

　ときに、手が空いたときなどは４頭を搾乳したほうが良い状況もあるかもしれません。それを明文化できるならマニュアル化してもよいのですが、あまりお勧めしません。ルールが多くなるほど、覚えきれず、あいまいになるからです。搾乳のような作業は、多少の犠牲はあったとしても、なるべくシンプルにしたほうがよいです。シンプルであれば、覚える人も迷わずにすむからです。

## ＊例外には追加ルールを

　作成したマニュアルで「例外」が頻繁に起こるようになれば、その例外に対してルールを追加すればよいのです。例えば、メイプルファームでは、どうしても生乳が出にくい牛の足に目立つバンドを付けて、その牛達に対しては前搾りを10回するようにしています。

　熟練した作業者が多くなるほど、高度なマニュアルに対応できるようになりますが、メイプルファームでは労働力として海外研修生に頼っている部分もありま

す。そのような状況では、シンプルなマニュアルが規律を生むことにつながります。

　ほかにも例えば、複雑な乳頭にミルカーを付けるには、多少の経験が要ります。そのような経験を要する作業は、なるべく図で説明します。

## ＊マニュアルは生きている

　ルーティン作業のマニュアルは、覚えてしまえば毎日見ることはなくなります。そこで、マニュアルには、「どうやるのか（HOW）」と一緒に、「なぜやるのか（WHY）」も書くとよいでしょう。その作業をする意味を示せば作業への理解度も深まりますし、忘れてしまうことが少なくなります。また、時間とともに作業が変わってしまうことを防いでくれるでしょう。その作業の意味を知っていれば、勝手にルールを変えたりせずに守ってくれることでしょう。

　マニュアルは、一度作ったらそれで終わりではありません。改善し続けていくことが大切です。そのためにも、作業者に改善案やアイディアをどんどん出してもらいましょう。そして、マニュアルの作成・見直しに当たっては、技術的知識を持った人（ほとんどの方にとって獣医師でしょうか）と一緒に取り組むことが望まれます。

　また、無断でマニュアルを変更してはいけません。一度ルール違反を見過ごしてしまえば、そこからどんどんマニュアルはほころんでいきます。

　ルール違反が起きた場合、次からは作業の変更について「提案」という形で提出してもらいましょう。

図 13　牛に優しく接するように示した写真

## ⑫ 作業の標準化

### ＊休みたいのに休めない方へ

　牧場でのお仕事いつもご苦労様です！ ところで、最後に休みを取ったのはいつですか？ どこかへ遊びに出かけていますか？

　メイプルファームでは、最低でも月に6日の休みがあります。批判を承知で書きますが、酪農業の一部には「休むこと自体が悪だ」という考えが、根深くあると思います。

　私は、適切な範囲内で休むこと自体は、まったく悪いことではないと考えています。休日を取ってリフレッシュし、心身ともに健康な体でいることが作業性を向上させ、また感覚や感性を豊かにし、柔軟な発想を生むものと信じています。もちろん、「仕事をし続けること自体が楽しくて仕方がない」「1日たりとも、牧場以外のことをしたくない」という酪農家を批判しているわけではありません。心からやりがいを感じられる仕事に巡り合えた人生は、本当にうらやましく思います。

　この稿は、そうした天職にめぐり合えたケースではなく、「休みはほしいのに休めない」といった境遇の方に、ぜひ読んでいただきたい内容になっています。

### ＊標準化に必要な三つのポイント

　メイプルファームでは月に6日間の休みを、できるだけ従業員の希望どおりに取得できる体制をとっています。10名を超える従業員の休日を、自由に取らせることはなかなか大変なことのように感じるかもしれません。「頻繁に担当者が変わって、問題はないのか？」という声が聞こえてきそうです。

　そこで、ここからは「作業の標準化」について話をしたいと思います。これは、規模の大小にかかわらず、牧場を安定して運営するために必要な考え方のはずです。「○○さんがいないと作業ができない」「エサを作る人が変わると乳量が落ちる」「仕事をヘルパーに任せられない」──これらに共通するのは、作業が標準化されていないことだと思います。

　標準化を推し進めるために必要なポイントは、「マニュアル化」「作業・品質の数値化」「積極的技術指導」の三つです。今回は「作業・品質の数字化」について話したいと思います。

　交替要員の件で皆さん口を揃えることが、「エサだけは任せられないから、俺がやるんだよ」というセリフです。TMR調製担当者が休むためには、交代要員が普

## Hints

★ 標準化に必要な事は数値化
★ パーティクルセパレーターは安くて有用な必須アイテム

段と同じように TMR を調製できなくてはなりません。

　メイプルファームでも、以前は TMR 調製担当者が変わるたびに乳量が変化していたことがありました。そこで、エサ作りを標準化することを例に、作業の均質化のヒントを考えていきましょう。

## ＊作業を数値に置き換えよう

　標準化に必要なことはズバリ、「作業すべてを数値に置き換える」ということです。エサ作りに必要な「数字」は

①投入順番＝例：1 番スーダン 2 番配合
②撹拌時間＝例：スーダン 5 分、サイレージ 10 分
③エサの切断長の配分＝例：粗い 20% 細かい 40%

　の主に三つだと思います。いかがですか？ 作業をすべて数字に置き換えることができましたね。人によって、飼料原料の投入の順番がバラバラではいけないのはいうまでもありません。各飼料原料を何分撹拌するか、これもとても重要なことです。メイプルファームではその指針となるタイムスケジュールを作り、ストップウォッチを駆使しながら TMR 調製をしています（図 14）。

## ＊パーティクルサイズを標準化の目安に

　ところで、人が変わると最終的に TMR の何が変わるのでしょうか？ それは TMR のパーティクルサイズ（切断長）です。つまり、それが TMR 調製担当者の個人差を作っているのです。そこで私達は、パーティクルセパレーター（図 15）を自社で保有し、担当者が変わるたびに計測しています（図 16）。粗いエサと細かいエサの割合の目標値が決めてあり、それを逸脱しないように作成してもらうためです。これにより、誰が作っても同じ品質の TMR を作ることが可能になりました。

　パーティクルサイズを計測することは、これ以外にも良いことがあります。例えば自給飼料のロットが 3 番草から 1 番草に代わった際は、草の質が変わり、エサ喰いが悪くなることがありますよね。NDF や発酵品質など高度な知識は一旦置いておいて、いつもどおりの切断長になるように TMR を調製することが、牛の

DMI 安定化につながります。

　メイプルファームでは、粗飼料に変化があったとき、人員転換があったとき、設備が変わったときは必ずパーティクルセパレーターを振るようにしています。こうしたチェックは、家族経営の牧場の方にも役立つ仕組みだと思います。一度エサの作成時間を計測し、切断長を調べ、担当者同士で比べてみてはいかがでしょうか。私は常々、もっと多くの酪農家に、TMR を客観的に評価できるパーティク

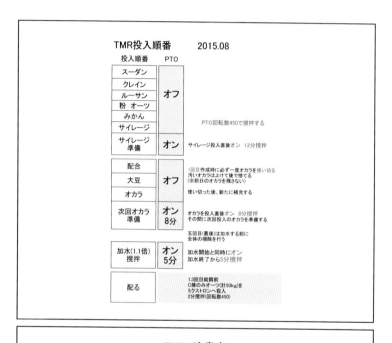

図14　TMR調製のマニュアル

ルセパレーターを利用してほしいと思っています。むしろ TMR を調製しているのであれば、必須のアイテムといっても過言ではありません。パーティクルセパレーターは、安価で効果の高い、とても優れたものです。誤解されないように付け加えておきますが、私は決してパーティクルセパレーターのメーカーの回し者ではありません。これは、そう、全酪農家への「愛ゆえの言葉」です。

　私は、祖父や父の世代の方々の努力で今日の酪農業界があることを忘れたわけではありません。1 日も休まずに、日々ひたむきに酪農を続けてくれたことで今日、酪農業界は発展しました。それゆえ技術や知識が高まり、今日では、休日を取れるような牧場が増えてきたのだと思います。

　みなさん、偉大なる先輩方の努力に報いるためにも、さらに作業性を上げ、休みの取れる体制を目指しましょう！

073

図15　パーティクルセパレーターで TMR の組成を知ろう

| 目標 | パーティクルセパレーター　TMR | | | | |
|---|---|---|---|---|---|
| | 1段目 | 2段目 | 3段目 | 4段目 | |
| | 2～10% | 30～50% | 30～50% | 2～20% | |
| | 1段目 | 2段目 | 3段目 | 4段目 | 実施者 |
| 2014/12/23⑤:60 | 15.0% | 28.4% | 40.4% | 14.3% | A | 4.5回目サイレージ多い |
| 2014/12/28①:80 | 8.3% | 35.1% | 37.5% | 18.9% | B | 新サイレージDM32% 乾乳ミクストロン使用(ミクストロン故障により) |
| 2015/1/31④ | 9.6 | 37.2 | 40 | 13.2 | C | 新サイレージDM29% |
| 2015/2/1①:80 | 10.1% | 38.2% | 36.2% | 15.5% | B | 新サイレージDM29% |
| 2015/2/16①:80 | 11.1% | 36.1% | 38.8% | 13.8% | B | |

図16　パーティクルサイズは TMR 標準化の指標

## ⑬ 技術を広めよう

### ＊「教える」とは尊厳のある仕事

　作業の標準化において、「なるべくすべての人に、特殊な技術を教育する」というのも大切な考えです。メイプルファームは現在、蹄処置を行なう従業員が5人います。日本人従業員10人ほどのなかで約半数の割合は、「大人数」といっても過言ではないでしょう。

　牧場見学の体験に基づく私の個人的な感覚ですが、牧場内で蹄処置をする人は大抵1人、多くても2人しかいない場合が多いと思います。それは、自分の仕事への誇りであり、自信の表れだと思います。「ほかの人にやらせるくらいなら、自分がやったほうが良い結果になる」と考えるのも、うなずけます。

　しかし私は、自分の技術に自信が持てたなら、すぐにほかの従業員にその技術を伝えるべきだと思います。人に教えることができるのは、その技術を真に学習して、深く体得した人だけです。教える、というのはとても高次元で尊厳のある仕事だと思います。

### ＊任される喜びを感じてもらおう

　心の中で「やはり俺が一番上手だな！」と思うこと自体は、悪いことではないと思います。その思いを変える必要はないので、一方で時間があれば後輩に指導・教育を行ないましょう。初めのうちは後輩が失敗をしてしまい、「やらせなければよかった」と思うかもしれません。ですが、そこを堪えて、根気よく教育し、結果として後輩の従業員が少しでもプラスの仕事をしているうちは、その仕事を評価してほしいと思います。後輩が成長する喜びも、ぜひ体験してほしいのです。

　高度な作業をやらせてもらえない後輩達は、きっとうらやましく思っていることでしょう。任せればきっとやる気を出してくれると思います。

　できれば教育するに当たって、重要なポイントを箇条書きにしておくことをお勧めします。まったくの初心者でもわかるような説明ができたならば、あなたは内容を深く理解できていると考えてよいと思います。

　他人に物事を教えるためには、なるべくわかりやすく説明しなければなりません。そして、わかりやすく説明するために、物事のポイントを押さえて考えていることが、あなたにとってさらに理解が深まることになります。人から得た知識を、自分の言葉に置き換えられることが重要なのだと思います。

とにかく、特殊な技術を必要とする仕事を自分1人で占有せず、なるべく広く伝えていくことが大切です。

## ＊できることが多いほど喜びが多い

メイプルファームでは削蹄以外にも、積極的に従業員に人工授精技術を学んでもらっています。全員が人工授精をできるようになれば、3回搾乳のどのタイミングでも適期を逃さずに授精できるメリットがあります。

削蹄や人工授精のような特殊な技能は、資格のようなものです。

現場では従業員に対して、冗談を交えて「メイプルファームがなくなっても、あなた達はどこでも雇ってもらえるようになるよ」と話します。私は冗談のつもりですが、もしかしたら従業員達は真剣にそう思っているかもしれません。

できることが一つでも多いほうが、将来の可能性は広がります。雇用される側としては、今以上に技術が身に付くことが大きな喜びなのだと思います。

メイプルファームでは、一番経験のある私が、まずさまざまな技術に挑戦して、それらを習得してきました。企業目線での後継者は、自主退社する可能性が比較的低いという存在です。ですから、まずは後継者が技術を習得して、習得した技術を従業員に普及させる「教育係り」になるのが理想だと思います。

ただ、ここで忘れてはいけない注意点もあります。作業が標準化され、従業員の入れ替えが容易になって、とメリットばかりのように聞こえますが、その前提として、「その部門に責任を持つ人間がいる」ということが大切です。頻繁に担当者が変わり、誰が責任を取るのかあいまいになっては本末転倒です。基本的には特定の部門担当者を決めて、そのうえで人を配置するということです。

## ⑭ 休日の取り方

### ＊全従業員の休日を合わせるには

　Chapter2-13「技術を広めよう」中で触れたので、この稿では、参考までにメイプルファームの休日の決め方を紹介したいと思います。

　メイプルファームでは、通常毎月25日頃、全従業員に休日の希望を出してもらいます。従業員達には、あらかじめ日程表を渡しておいて、その表に休みたい優先順位に従って数字を書いてもらいます。例えば10日に友人の結婚式の予定が入ってしまってどうしても休みたいときは、10日に数字の「1」を書いてもらいます。次に、どこでもいいから金曜日に休みたいと思ったら、すべての金曜日に数字の「2」を入れます。

• **H**ints

★ 休日希望の優先順位を提出してもらおう

★ 休日取得は平等に

## ＊休日は力関係なしに決めよう

　全員の提出が終わったら、希望日を擦り合わせて、優先順位の高い人から順番に休みを確定していきます（図17）。

　現在、1日の最大休日取得可能人数が3人なので、優先順位によって3人までは自動的に確定します。残念ながら4番目に入った人は、その日に休みを取得することができません。仮に、優先順位が同列の従業員が複数いる場合は、話し合い、もしくはくじ引きで決めます。

　休日のように、プライベートな時間を確保する場合、職場での力関係は関係ありません。皆が平等に取得できるようにしましょう！

### 9月　休

| 日付 | | 丸山 | 神山 | 小松 | 佐々木 | 松本 | 大瀬 | 細野 | 鈴木 | 曽我部 | 増田 |
|---|---|---|---|---|---|---|---|---|---|---|---|
| 1 | 火 | | 6 | 4 | 1 | | | | | | 8 |
| 2 | 水 | | | 5 | 2 | | | | | | |
| 3 | 木 | | | | 3 | | | | | | |
| 4 | 金 | | | | | 1 | | | | | |
| 5 | 土 | 4 | | | | | | | 1 | リフト | 4 |
| 6 | 日 | 5 | 夜× | | | | | | | リフト | 5 |
| 7 | 月 | | | 3 | | | | | | | |
| 8 | 火 | | | | | | | | | | |
| 9 | 水 | | | | | | | | 5 | | |
| 10 | 木 | | | 夜× | | | | | | | |
| 11 | 金 | | | 6 | | | | 2 | | | |
| 12 | 土 | 1 | 5 | 1 | | | 3 | | | | 7 |
| 13 | 日 | 2 | 5 | | | | | | | | 6 |
| 14 | 月 | | | | | | | | 4 | | |
| 15 | 火 | | | 夜 | 冬1 | | | | | | |
| 16 | 水 | | | | | | | | | | |
| 17 | 木 | | | | | | | | | | |
| 18 | 金 | | 朝2 | | | | | | | | |
| 19 | 土 | | 1 | | 4 | | | | | | 1 |
| 20 | 日 | 6 | 夜2 | 2 | | | | | | | 夜 |
| 21 | 月 | | | | | | | | | | |
| 22 | 火 | | | | | | | | 3 | | |
| 23 | 水 | | | | | | | | 2 | | |
| 24 | 木 | | | | 朝のみ | | | | 1 | | |
| 25 | 金 | | | | 夜のみ | 1 | | | | | |
| 26 | 土 | | | | | | | | | | 9 |
| 27 | 日 | 3 | 4 | 朝3 | | | | | | | 3 |
| 28 | 月 | | 削蹄 | 削蹄 | | | 削蹄 | | | | |
| 29 | 火 | | 削蹄 | 削蹄 | | | 削蹄 | | | | |
| 30 | 水 | | 削蹄 | 削蹄 | | | 削蹄 | | | | |

間違いがないか、確認してください。
改善案も受け付けます。
月末までにお願いします。

図17　休日の希望は日程表に優先順位ごとに記入してもらう

# ⑮ マニュアル化

## ＊マニュアルを作るメリットは？

標準化に必要なことは「マニュアル化」「作業、品質の数値化」「積極的技術指導」の三つだと述べました。ここでは「マニュアル化」について、詳しく書きます。

マニュアル化というと、一見ネガティブな響きに聞こえてしまう方もいるかもしれません。しかし、マニュアル化を進めると、「個人ごとの技術の差が少なくなる」「迷うことなく自信を持って作業できる」「想像力を働かせるゆとりができる」「あらかじめ危険を予測し回避できる」などの大きなメリットがあります。

## ＊ルーティンマニュアル

メイプルファームには、大きく分けて、①ルーティンマニュアル、②検索マニュアル、③危険回避マニュアルの３種類のマニュアルがあります。

「ルーティンマニュアル」は、具体的にはエサの作成方法や、搾乳方法を記したものになります。ルーティン作業を一度覚えてしまえば、マニュアルを見る必要がなくなるのは想像に難くないと思います。しかし、初めて作業を覚えるときに、指導者によって作業方法が違えば、教わる側は混乱してしまいます。その作業を初めて行なう人にとって、このマニュアルは大きな指針になります。口だけで伝えて覚えるよりも、きっと早く習得することでしょう。

また、作業を統一したつもりでも、無意識のうちに作業がバラバラになっていってしまうかもしれません。そんなとき、自分達の作業を見直すための規範が、ルーティンマニュアルです。ほかにも、例えば配置換えで久しぶりに搾乳作業に戻る場合などに、読み返して、作業手順を確認するシーンでも使えます。

ルーティンマニュアルは毎日見るものではありません。普段は頭の中にある指針、それがルーティンマニュアルです。

## ＊ネット検索的マニュアル

「ググる」というネット用語を聞いたことはありますか？ お手元の携帯電話、もしくはパソコンでインターネットを開いて、検索サイトのボックスに「ググる」と入力し検索してみてください。そうです。検索をする行為自体が、ネット社会では「ググる」と呼ばれているのです。

## **H**ints

★ マニュアルには多くのメリットがある
★ メイプルファームには三つの大きなマニュアルがある

皆さんのなかには、生まれる前から自宅にパソコンがあった方も多くいると思います。もはやパソコンのない生活なんて想像できませんよね？私も子どもの頃からパソコンが身近にあり、慣れ親しんできました。

さて、メイプルファームでは知識を暗記することを強要しません。検索してわかることは、「検索してください」と指導します。それが検索マニュアルです。仮に、牛群管理における対処法を忘れていたら、パソコンにアーカイブス化（蓄積）してあるマニュアルを検索するだけです。覚えていないこと自体はまったく問題になりません。

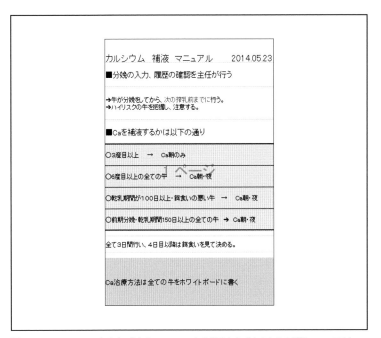

図18　パソコンにアーカイブス化したマニュアルから検索した「カルシウム補液マニュアル」

これはマニュアルを覚えることを禁止するものではありませんし、もちろん覚えてくれることは良いことです。ただ、完璧に習得したつもりでも、どこかで記憶違いが生じ、いつしか本来の方法と大きくずれてしまうかもしれません。それならば、「細かいことは、毎回マニュアルを確認することに専念しよう」というのが、メイプルファームでの考え方なのです。

具体的な例をあげます。「牛が分娩をした。乳熱予防としてカルシウムを飲ませなければいけないかもしれない。しかし、カルシウムを経口投与しなくてもよい条件があったはず」――このような状況でパソコンのファイル検索ボックスに「カルシウム」と入力すると、すぐにカルシウムのマニュアルが表示されます（図18）。

私が就農1年目のときに、酪農関係者のある先輩から「牧場にいるどの牛の乳房を見ても、その牛の個別番号、病歴、繁殖状況のすべてが答えられないようでは、一人前の酪農家とはいえない」と言われました。そう言われても、私は素直に受け取ることができず、心の中では「450頭全頭の個体情報なんか覚えられないだろうなぁ。パソコンの牛群管理ソフトで牛の番号を検索すれば、すべての個体情報が確認できるのに」と思っていました。そうすれば30秒もかからずに、すべて答えることができるのに、と。

知識を検索する行為は、ただ楽をするためにあるのでしょうか？ それは断じて違います。検索をして済むのであれば、それを覚えることに時間を割く必要がなくなります。では、その余った時間を使い、何をすればよいのでしょうか。私は、その時間を使って、牛の観察や農場運営のための自由な発想、想像をすべきだと思います。

マニュアルで示すのは「変えてはいけない作業の基礎」であり、そこに示されていること以外は基本的に自由なのです。

ルーティンマニュアルには、例えば牛の不調を見つけるための基礎が示されています。しかし結局、牛の不調を見つけるのはその人のセンス、観察眼です。そのセンスを補うのがマニュアルなのです。そして、新たなマニュアルを作る想像力、既存の検索マニュアルの改善点を見つける発想、それらを従業員に養ってもらいたいと思っています。

検索行為の是非など、個々の考え方の多様性を否定するつもりはありません。他方で、日進月歩の酪農業界で知識の量は増え続けているのに、それに合わせて酪農家の頭が大きくなっていくわけではないですよね。飼養状況も知識の質も、時代とともに変容していることは、紛れもない事実だと思います。知識の幅を広げるためにも、蓄積された他人の知恵を利用する、という考えもあるのではないかと思います。

# 16 危険を防止するマニュアル

## ＊ヒヤリとした経験はありませんか？

　ここでは、「危険を防止するマニュアル」について書かせていただきます。この話は、働く人々の命に関わる非常に重要な話です。

　牧場で長く働いている皆さんは事故に遭った経験や、あるいは遭いそうになった経験があるかもしれません。現在の酪農では重機や大型機械の取り扱いは不可欠ですし、何より扱う牛の重量が重いので、酪農現場での作業は常に危険と隣り合わせです。私自身６年間働いていて、幸い大きな怪我はありませんが、ヒヤリとすることは何度かありました。しかし、ヒヤリとした瞬間は怖い思いをしても、習慣的な作業の繰り返しのなかで、すぐにその恐怖を忘れてしまうのでした。

## ＊従業員の事故は最も悲しい出来事

　あなたが働いていて、最も苦しい、悲しい思いをしたのはいつでしょうか？ 大切な牛が病死したときですか？ 私は従業員が怪我をしたときでした。過去に二度、従業員が些細とはいえない怪我を負いました。幸い、彼らが負ったのは重症ではなく、すぐに完治するような怪我でしたが、とてもショックを受け、「取り返しのつかないことをした」と、ひどく憂鬱な気分に陥りました。

　一度目の事故の後は、その事故の引き金となった危険を回避しようと、徹底的に従業員達の意識付けをしました。しかし１年後、まったく別の事故が起きたことで、私はいよいよ打ちのめされました。その事故がきっかけとなり、メイプルファームでは危険防止マニュアルを作る流れに至ったわけです。

## ＊徹底した暗記で危険を回避する

　危険防止マニュアルの制作の流れです。

　はじめに、全従業員に今まで働いてきたなかで感じた危険をすべて列挙してもらい、近所の酪農家の先輩方には、今までどんな危険があったか質問しました。これらをリスト化することで、牧場にはさまざまな種類の危険があることがわかりました。

　具体的には、「牛の扱いに伴う危険」「薬品の取り扱いに伴う危険」「器具の取り扱いに伴う危険」「重機に伴う危険」です。それらをグループ分けし、テキスト化したものが危険防止マニュアルです。この危険防止マニュアルは、全従業員に対

して熟読・暗記をさせました。その後、全従業員に対して、暗記できているかテストを行ないました。能力を評価するためのものではないので、答えられなくてもまた出直してきてもらい、すべて暗記できるまで何度もテストを受けさせました。

Chapter2-15 で、「マニュアルを検索する」というアイディアを紹介しました。危険防止マニュアルは、それとはまったく別の性質のマニュアルです。忘れてしまっては、意味がありません。一度真剣に覚えてもらえれば、危険が起こる場面になったときに思い出すはずです。「なんとなくそんなことを教わったなぁ」というようではダメなのです。

## ＊写真を使ってより理解を深める

そしてテキストの危険防止マニュアルとセットになるのが、写真イメージの危険防止マニュアルです（図 19）。その写真を一目見れば、何が危険かわかるようになっており、はじめてその危険性を覚える人のイメージを補うものとなってい

図 19　写真イメージの危険防止マニュアル

083

ます。また、しばらくある部門を離れていた人が久しぶりにその部門を担当する場合、その写真を見返してもらえば容易に思い出してくれるはずです。

写真イメージの危険防止マニュアルは、言葉が伝わりにくい海外研修生への理解促進にも役立ちます。

## ✳ 意識付けのアプローチ

危険に対する意識付けは、危険を象徴するものと日常的なもののイメージの結び付けが重要だと考えます。メイプルファームでは、フォークリフトを運転する際に、必ずヘルメットを被ります。しかし以前はヘルメットを被るのが面倒で、片隅に放置されていたこともありました。その頃は、ヘルメット着用は「億劫な、ただのルール」でしかなかったのです。しかし、この危険防止マニュアル作成に伴い、「ヘルメットは、頭を守る必要のある、危険が伴う現場へ向かう心構えの象徴なのだ」と伝えるようなりました。それ以来、牧場内でのヘルメット装着が定着しました。単に「頭を守るもの」と考えるより、「危険に対する準備」と考えるほうが、意識が高まると思います。

## ✳ 制限速度を作ろう

あなたの牧場には、制限速度はありますか？ メイプルファームでは、トラックが（軽くですが）壁にぶつかるなどの事故が少なからず起きていたのですが、それらすべてはスピードの出しすぎに起因するものでした。そこで、牧場内に制限速度を作ることにしました。

その際私は、「ただ制限速度を作って皆に口で伝えても、いずれうやむやになってしまうだろう」ということを懸念しました。具体的には、「20km 以下」の制限を作っても、意識して運転しないとすぐに超えてしまうだろうということです。人は心の中だけにあるルールを、都合の良いように変えてしまいがちですよね。

そこで私達は、道路標示を作りました（図 20・21）。それも、ただ道路に手書きで文字を書くのではなく、ガムテープでマスキングをして、「オフィシャルな標示にする」ということです。整った文字は、規律の正しさを象徴するかのようです。言葉で意識付けをするだけでなく、それを毎日見ることによって思い出すきっかけになってほしかったのです。おかげで皆安全運転になり、それ以来事故は起こっていません。水性ペンキだと半年で剥がれてしまうので、油性がおススメです。

このような危険防止マニュアルを作っているとき、酪農業界ではない農家の知り合いに、その内容を話しました。そのとき彼に言われた「あぁ、HACCP で必要ですもんね」という第一声に強い疑問を覚えました。「危険防止マニュアルの作成は、決して認証や認定のためにするのではない。自ら必要だと感じたから取り組むのだ」という想いがあったからです。「必要はルールよりも先にくる」というのが私の信条です。強制されたり義務的にやるものは、本質的には意味がないと

図20 道路標示作成中

思います。

　酪農業界の安全対策は万全といえるでしょうか？ かつて危険産業といわれ、死亡事故が多かった建設業が、事故率・死亡事故発生率をここ40年で大幅に減少させたのに対し、農業の事故率はほとんど変わっていないというデータがあります。今や農業は最も危険な産業の一つとなってしまったのです。その理由の一つに、急速に大規模化・機械化する業界に、ルールや意識が伴っていないこともあるかもしれません。

　安全対策は取り組み始めたばかりの試みで、まだ十分とはいえない状況です。しかし、これからさらに充実した安全対策を構築していくつもりです。おそらく安全に対するマニュアルは、完成することはないでしょう。知り合いの農家の方々とも危険に関する情報を共有し、充実させていきたいと思っています。

　加点方式ではない、減点方式的な危険予防の効果は、実感しにくいところがあると思います。しかし、このプロジェクトを始める際、「今日始めたこの危険に対する試みが、20年後に入社する後輩の命を救うかもしれない」──従業員に、私はそう伝えました。いつしか全国の酪農家が危険に関する情報を共有し、業界全体の事故が減る仕組みができればいいなと願っています。

図21 道路標示完成

# ❶ データ管理

## ＊蹄病データからデータ活用を考える

　私自身が牧場で働いていて楽しいこと、やりがいを感じることは、ズバリ「蹄処置」です。処置する直前まで足を引きずっていた牛が、ほんの一瞬の処置で苦痛から解放され、元気に歩いて帰る姿を見るのは、何事にも代えられない喜びです。

　削蹄を行なう際、牛の足を観察すると、牛の状態や病気など、さまざまなことがわかるようになりました。そして蹄病のデータを蓄積していくうちに、さまざまなことがわかりました。

　ここでは、そうした蹄病データなどを絡めながら、データ蓄積後の活用法を紹介したいと思います。

　蹄病のデータには２種類あります。牧場従業員が行なった「自己削蹄」と、削蹄師が年３回行なう「定期削蹄」のデータです。蹄病の中でも大多数を占める白帯病、蹄底潰瘍、皮膚疾患（DD）の三つを抜き出して、それぞれ図 22 にしました。

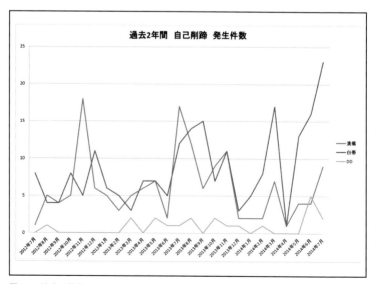

図 22　蹄病の推移

　細かい分析は省略しますが、この図からわかることは、「DD はコントロールできている」「自己削蹄時の白帯病が、期間に比例して増え続けている」「跛行の発見がうまくいっている」の３点だと思います。跛行発見の根拠ですが、自己削蹄時に白帯病の増加傾向が見られるのに対して、定期削蹄時での白帯病が増えていない点から推測しました。つまり今のメイプルファームは、定期削蹄まで放置せずに（見逃さずに）、自分達で速やかに処置ができている状況だと思います。

　自分達の仕事、ここでいう跛行発見を客観的に評価できたことは、やりがいにもつながるし、自信にもなりました。

　さて、それでは白帯病が増えている原因はどこにあるのでしょうか？ 白帯病は一般的に物理的・外的なエネルギーによって生じるといわれています。具体的には、発情の際に乗られた・乗ったことにより滑ったり、荒い牛追いや牛の動線に90度ターンがあったりすると、白帯病の原因になり得るといわれています。

## ＊削蹄師はアドバイザー

　結論を出すまでの過程は割愛しますが、「経年の摩耗でコンクリート床が過去に比べ滑りやすくなっているのではないか？」という仮説に至りました。それの対策を削蹄師と話し合い、滑り止めのコンクリート加工を行なうことになりました。この施工によって牛のスリップが減少し、白帯病が減ることを期待したいと思います。

　問題（病気）を認識し、原因を考え、それに対応した対策を行なう。このような論理的なプロセスが重要だと思います。少し格好つけているように聞こえるので、「ワイは納得のいく行動がしたいねん！」という形で読み取っていただければ幸いです。

　削蹄師は、ただ蹄を削るだけの人ではありません。蹄は牛群管理の「結果」です。その蹄に最も密接に関わる人は、蹄を通じて牛群管理を相談するアドバイザーであると考えています。

## ＊良い枕は良い睡眠をもたらす

　「出先で枕が変わると眠れなくなる」という人もいらっしゃるのではないでしょうか。ちなみに私は、どんな場所でも寝ることができますが……。

　それはさておき、ここからは牛のベッドの枕にあたる部分、ブリスケットボード

に関する話です。ブリスケットボードは、人間の枕とは少し役割が違います。それは牛がベッドで正しい位置で寝るためのガイドだとされています。ブリスケットボードがなければ、牛はベッドのより前方で寝てしまい、結果としてベッドが糞尿で汚れたり、起立できなくなったりします。

　一般的に、ブリスケットボードの高さは、牛床から 10cm が良いとされているようです。牛は起立の際に前足を前に突き出すので、ブリスケットボードの高さが高過ぎると邪魔になり、低すぎると乗り越えてしまうので、その絶妙なバランスを考えた高さになっているようです。

　さて、やむを得ない事情で、何年もの間メイプルファームのブリスケットボードは 20cm の高さがありました。それを最近、高さ 10cm のブリスケットボードに置き換えることができました。その導入に際しては、削蹄師やコンサルタントのアドバイスが大いに参考になりました。そして、「どうせやるなら効果を目に見えるデータにしよう！」ということで、次のような調査を行ないました。

・ベッド数 48 の牛舎でブリスケットボードの施工前と施工後で給飼 1 時間後の、毎回決まった同じ時間に頭数を三つのグループに分けて調査する。
・三つのグループは「ベッドで横臥している牛」「パーチングしている牛（ベッドに立っている、足をかけている牛）」「ベッド以外の場所にいる牛」とする。
・調査期間は前後で 11 日間連続、施工後の調査は牛が新しいブリスケットボードに慣れた 1 週間後から調査を開始する。
・施工前と施工後の平均牛群頭数は、それぞれ 41 頭と 38 頭。

　ベッド数 48 に対して頭数に余裕があるので、施工前後の頭数によるデータの差は結果に影響しないと考えました。
　前述の 3 グループを 11 日間観察したデータが 図 23 です。私が独自に考えた

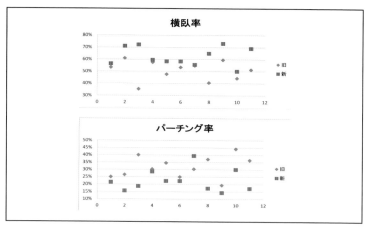

図 23　横臥率とパーチング率の変化

"パーチング率"の計算式は「パーチング率＝パーチング牛／（ベッドで横臥している牛＋パーチング牛）」です。つまり、「ベッドに触れている牛の中で、何割の牛がパーチングしているか」という式です。

パーチングは牛が寝たくても寝られない、あるいは寝るのを躊躇している状態だと考えると、低ければ低いほど良いことになります。結果的に旧ブリスケットボードでのパーチング率が調査期間平均で32%だったのに対して、新ブリスケットボードでは22%に減少しました。明らかに差が出ました。また、これまた私独自の"ベッド横臥率"の計算式は「ベッド横臥率＝ベッドで寝ている牛／牛群総頭数」です。牛の横臥は基本的には良いことだと考えると、これは高いほど良いといえます。結果、ベッド横臥率は旧ブリスケットボードが51%に対して、新ブリスケットボードでは63%でした。

いずれの結果を見ても、明らかに牛の横臥状況は改善されたといえます。調査した自分でも、ここまで明らかな差が出るとは思いませんでした。この調査は広告のためではなく、純粋に私の知的好奇心によるものなので、ブリスケットボードの商品名は明記しません。お近くの信頼のおけるアドバイザーの方に相談してみれば、きっと良いブリスケットボードを紹介していただけると思います。

牛の横臥は、牛の蹄や体を休めるためにも必要なものです。立ったままだと、牛の体重により蹄にプレッシャーをかけ続けます。牛自身はベッドに寝たいにもかかわらず、起きる際の苦労を考えて寝られず、結果的に立ったままになってしまう。これほどまでに牛床環境が、牛の「寝たい」という欲求に影響するものなのかと、考えさせられました。

このブリスケットボードの施工は、いずれ間接的に「蹄病の減少」と「乳量の増加」という結果として表れてくるはずです。ただ、その二つはさまざまな要因が複雑に作用するので、一つの要因で判断することは難しいでしょう。しかし、このように、わかりやすく良い結果が出るならば、設備導入の効果を実感できますね。

## ＊客観的事実から 牛の感情を読み取る

牛は言葉を発することができません。苦痛も安楽も、その態度から推測するほかありません。牛の行動によって「牛は喜んでいるだろう」と信じることも大切です。しかし、ここまで述べたように、行動データから牛の安楽を読み取ることも大切であると考えさせられました。また、牛は自然界では被食者です。被食者の牛達から見れば、私達人間は捕食者に映ることもあるでしょう。その私達に対して、牛は蹄病があっても、弱みを見せないようじっと耐えているかもしれません。自然界では弱いものから捕食される、という摂理があると聞いたことがあります。膿が出るほどの傷で700kgの重さを支えながら健気に平然を装っていると考えると、牛の苦痛を早く取り除いてあげたいという気持ちになります。

すべての仕事が牛の安楽につながっている、そう考えながら仕事をしていきたいですね。

18 # エサをもっと
正確に作ろう！DM 編

## ＊エサ作りの精度を高めよう

　エサ作りの個人差は、パーティクルサイズの違いから生じます。撹拌時間や飼料原料の投入順序を統一することで、粗飼料の切断長を均一化できることは既に述べたとおりです。ここからは一歩進んで、さらにエサ作りの精度を高めるために、やっておきたいことを書きます。

　メイプルファームにおいて、DM（乾物）の変化が最も多い原料は、自給飼料のサイレージです。採草したときの天候や踏圧のムラなどで、DM は大きく変わる可能性があります。メイプルファームでも同一ロットのグラスサイレージにおいて、DM が 5％も違うときがありました。

　5％の差とは、仮に現物 10kg の給与だとしたら、乾物で約 500g の差があることになります。「なんとなく喰いが良いな！」と喜んでいたら、実は水分含量が高く、TMR の DM が低下していて実際はあまり食べていなかった、ということがあり得るのです。

　飼料給与に当たっては、乾物摂取量が大切なのであって現物の採食量はあてに

図24　電子レンジを使って DM を計測しよう

なりません。

## ＊定期的に DM を計測しよう

　そこで皆さんには自給飼料と、TMR の DM を定期的に計測することをお勧めします。DM の計測には、特別な機械を必要としません。電子レンジで十分です（図 24）。以下に DM 計測の方法を示します。

①まずは電子レンジと耐熱皿を用意し、耐熱皿の重量を記録する
②計測したいサンプルを耐熱皿に乗せたうえで、物自体の重量を測る
※このとき 50 g や 100 g だとわかりやすくてオススメ！
③電子レンジで任意の時間温める
※その際、水の入ったコップを入れるか、レンジ本体備え付けの皿に水を入れる（過剰に加熱した際の発火防止策）
④重量を測りながら何度かレンジで温める。ムラが出ないよう、サンプルを何度か撹拌する
⑤数回計測しても重さが変わらなくなった時点で加熱終了
⑥耐熱皿に残った乾物の重量を元に、乾物割合を計算する

　つまり、現物に含まれる水分を加熱することで飛ばし、DM を測るということです。計測前が 100g だとして、残ったものが 30 g であれば DM は 30％というわけです。
　あまりにも過剰に温めると、サンプルが燃える可能性があるので、初めのうちは注意しながら細かく加熱を繰り返すとよいでしょう。
　メイプルファームでは、自給飼料の 1 ロットを約 20 日で使い切ります。自給飼料のロットが変わる際は、必ず DM を計測するようにしています。

## ＊感覚と実測は違う

　DM 計測に取り組んで驚いたことは、触った感触と水分量が必ずしも一致しないことです。例えば、食品製造副産物のある原料は、以前はしっとりした感触だったのが、ある頃を境に突然フワフワで軟らかな感触になったので DM が少な

くなったと感じたことがありました。しかし実際に DM を計測してみると、以前と変化はありませんでした。体積ではなく重量に対する DM なので、錯覚しやすかったのだと思います。

　また、ベテランの従業員から「最近、サイレージの水分がかなり多い」と指摘を受けたので、実際測ってみたところ、普段と 1％ほどしか変わらなかったということもありました。

　もちろん、人の感覚が役に立たないということではありません。人の感覚はいつでも何かに気が付くための出発点として重要です。しかし、感覚だけに頼らず、科学的に正確なデータを採取することが、正確な管理につながるはずです。

　一つデメリットをあげるとすれば、電子レンジがサイレージ臭くなることでしょう。安価で購入できる中古レンジを、DM 計測用に買うとよいかもしれません。ちなみに私は極めて大雑把な人間なので、サイレージ用のレンジでお弁当を温めても、とくに気になりません。それを見ていた部下の女性社員が苦い表情を見せていましたので、私もあいまいな笑顔で応えました。

# 19 エサをもっと正確に作ろう！DMI編

## ＊正確な DMI を計測しよう

　ややこしいですが DM 編の続きは DMI（乾物摂取量）編です。DM を正確に計測するということは、DMI を正確に計測するために必要な作業です。つまり、DM を計測することは、DMI を正確に計測し、エサ作りをコントロールすることが目的だといえます。

　DMI を正確に把握するために、まずは TMR の DM を定期的かつ頻繁に計測すべきです。概算ではありますが、TMR の DM が 2％変われば、DMI は 1kg 変わります。DMI が 1kg 変われば、当然乳量も大きく変わってしまいます。そのくらい DMI は重要なのです。

　具体的な DMI の計測方法ですが、給与量と頭数、残飼量、そして DM から計算します。残飼は、フォークリフトに装着した油圧式の重量計を用いて計測しています。つまり、フォークリフトのバケットで残飼をすくうと、正確な重量がわかるというわけです。残飼量がわかれば、前回給与した TMR の重量から残飼分を

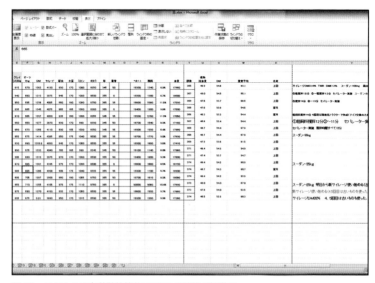

図 25　エクセルの自動計算機能で DMI の計算が簡単に

★ DMI は投資効果や飼養管理把握のために最も有効な武器
★ 適切な残飼は必要経費

差し引き、給与した頭数で割り算します。これで、1 頭当たりの DMI がわかります。

## ＊自動計算機能を利用しよう

　DMI の計算で大変便利なのが、Microsoft 社のエクセルです。メイプルファームでは、給与した TMR をすべてデータとして記録しています。エクセルの数式による自動計算機能を使って、頭数と与えた TMR、残飼量を入力するだけで、自動的に DMI が計算されるような表を作っておきます（図 25）。従業員はそれに入力するだけです。

　この入力の際に気を付けてもらっていることが、「傾向を掴む」ことです。その日の数字を見るだけでは、あまり意味がありません。それ以前からの流れで、DMI が減少し続けていないか、不安定でないか、などしっかりと注視していくことが大切です。そのためにも、DMI の変化はグラフ化して視覚的に捉えるべきです。グラフにすれば、直感的に変化を捉えることができます。

　「最近、DMI が減少傾向にある」と TMR 担当者が気付けば、そこから牛の体調はどうだ、とか自給飼料の品質はどうだ、とか問題点が見えてきます。

　私は、「なんとなく、エサ喰いが良い気がするなあ」といった言葉は使いません。「DMI が平均で何 kg 増加した」という言い方をします。人の感覚は常に、何らかのバイアス（思い込み）が働いています。その日の天候やその人の体調でも変わります。また、何かしらの新しい試みをしたとき、または添加剤を加えたときなどに、強いバイアスがかかります。新しい粗飼料に変えたときや添加剤に変えたときは、「エサ喰いが良くなってほしい」という希望がバイアスになります。効果のないものを、良くなった気がするという思い込みで続けることは、無駄なことです。結果が有意に変化した場合は効果を信じてもいいと思います。

## ＊データを見極めて原料を決める

　結果は割愛しますが、例えばカシューナッツ殻油や非蛋白態窒素である尿素を添加したときに、添加前後の DMI や乳量、乳成分を正確に計測し、継続して使用するか決めました。結果が良かったものは継続し、変化の見えないものは見送ったのです。

　DMI が不安定なときは、添加剤や粗飼料は変更しません。「安定して横ばい」

「明らかな減少 or 増加傾向」のときに変更を検討します。エサにかぎらず、暑熱対策などで設備に投資したとしても、結局は DMI が増加しなければ意味がないので、投資の効果を検証するために DMI を把握することは必須です。

## ✳ ある程度の残飼は必要

残飼量を計測すると述べましたが、メイプルファームでは、残飼が給与量の6〜8%になるように飼料設計しています。

残飼は廃棄物なので、多すぎても無駄なコストが増えるだけです。しかし、弱い牛も含め、すべての牛が満足して採食できるためには、ある程度の残飼は必要です。言わば、必要経費のようなもので、無駄なゴミではありません。私の知るかぎり、優秀な農家さんは、ある程度の残飼を見込んでたっぷりエサを与えています。飼槽にエサがまったくない状態が長く続き、牛が空腹で鳴いている場面を見ると悲しい気持ちになるのと同時に、利益を減らしていて、もったいないと思います。

実は、飼槽が空というのは、利益の損失を表しているのです。

多過ぎても、少なくてもダメなので、400 頭を超える頭数のコントロールは容易ではありません。しかし、DMI を継続して計測し、傾向や平均値を知ること可能になります。

DMI の正確なモニタリングを始めることは、困難が伴うかもしれません。しかし、継続するうちに困難はなくなります。正確に DMI をモニタリングすることが、堅実経営の第一歩です！

# Chapter.3
## 自分達で
## やってみよう

DIY 編

# 01 オンファームカルチャー①

## ＊乳房炎コントロールは宿命

　あなたにとって「牛の病気」とは、何をイメージしますか？ おそらく大多数の人が「乳房炎」と答えるのではないでしょうか。乳房炎は牧場運営と切っては切れない、宿命のようなものですね。乳房炎をいかにコントロールするかが、酪農の一つのキーポイントになってくると思います。

　2009 年、私がメイプルファームに就農した当時、牧場の乳房炎平均罹患率はおよそ 5％でした。一般的に、「乳房炎の罹患率＝3％」が目安とされ、3％を下回っていれば、おおむね乳房炎はコントロールできているといわれています。

　メイプルファームではその乳房炎罹患率を、2009 年の 5％から 2010 年にかけて年平均 1％に減少することができました。乳房炎罹患率を低減できた要因はさまざまありますが、とくに次の三つが大きく関係したと思います。それは、「搾乳のマニュアル化」「自動離脱装置の活用」、そして「オンファームカルチャー」です。搾乳のマニュアル化と、自動離脱装置の活用については Chapter1 で述べましたので、ここからはオンファームカルチャーについて説明していきます。

## ＊オンファームカルチャーとは？

　オンファームカルチャーは、現在では認知度が高くなってきましたが、2009 年当時ではまだ実行している牧場がほとんどなかった新しい考え方です。オンファームカルチャーはその名のとおり、牧場で行なう培養（カルチャー）です。簡単にいえば、牧場内で乳房炎乳を培養して原因菌を特定し、その菌に合わせた対策を行なう、という試みです。原因菌の特定と、その対策は、獣医師や家畜保健所などが昔から行なっていたことでした。

　オンファームカルチャーでは、培養と菌の特定を牧場内で行なうので、専門家がラボで行なうよりもかなり簡略化された操作をします。

　よって、ここで紹介する方法はあくまで一例だとご理解ください。参考程度にとどめていただき、専門家から適切な指導を受けてください。

　以前、乳房炎の牛が多くいた頃の乳房炎治療の手順は、①搾乳者が搾乳中に臨床症状（ブツ）を確認、②乳房炎軟膏や抗生物質の治療開始、③5 日後治療終了、という流れでした。

　甚急性乳房炎では、消炎剤などの使用を検討することもありましたが、基本的に治療は 1 種類のプロトコルでした。

**H**ints

★ オンファームカルチャーのメリットの一つは
　菌のいない乳房炎の発見にあり

　このことからもわかるように、乳房炎におけるメイプルファームの課題は三つでした。それは、「乳房炎の知識が浅いこと」「治療のプロトコルが定まっていないこと」「敷料が低品質なこと」です。

　その三つの課題を解決してくれたのが、オンファームカルチャーです。そもそもオンファームカルチャーがどのようなものかご存じない方に簡単に説明すると、①搾乳者が搾乳中にブツを確認、②搾乳主任が乳汁を採取（※甚急性乳房炎であればこの時点で治療開始）、③乳汁を培養、④培養結果を基に治療開始、⑤培養結果から対策を検討、⑥対策を実行、といった手順で行ないます。

## ＊すでに治癒しているケースもあり！

　オンファームカルチャーのメリットの一つは、無駄な治療をなくすことにあります。

　かつてメイプルファームでは、ブツの出た牛はすべて治療という方法でした。症状＝乳房炎だったのです。しかし、自ら培養することによって、それは誤りだったことがわかりました。

　いざ乳汁培養をしてみると、いくら待っても菌が生えないサンプルが半分程度あるのです。これは驚きでした。結論から言えば、その牛達は自己治癒能力によって乳房炎が治った後だったのです。

　これは私達人間が風邪をひいたときに必ずしも薬を飲むわけではなく、そして多くのケースで自分の力で病気が自然に治癒していくことと似ています。生物に本来備わっている免疫が菌をやっつけるわけです。

　菌がいない状態の牛の乳房に、抗生物質を注入する意味はありません。ブツは炎症症状の名残のようなものです。2～3日通常どおり搾乳していると、自然とブツも出なくなります。すでに菌のいない乳房に抗生物質を注入すれば薬代もかかるし、廃棄した分の利益も失われます。

　他にも多くのメリットがありますが、「乳房炎の知識が浅いこと」「治療のプロトコルが定まっていないこと」「敷料が低品質なこと」の三つの課題を、改善に導いてくれるのがオンファームカルチャーです。次はその点を詳しく述べていきたいと思います。

## ⓶ オンファームカルチャー②

### ＊原因菌を４分類しよう

オンファームカルチャーを始めて得たもの、それは知識の向上です。

雑誌や授業、書籍で得た知識と、自分の体験として得た知識には大きな差があります。自ら培養し、菌をその目で見ることによって、より深い知識が蓄積されて乳房炎に対していくつかのアプローチができるようになったのだと思います。

メイプルファームでは、乳房炎原因菌を「ブドウ球菌」「連鎖球菌」「大腸菌」「クレブシエラ」の主に四つに分類します。もちろん、乳房炎原因菌はこの四つどころではなく数多く存在しますが、牧場で起こる乳房炎のほとんどが、この四つに集約されるので、そのほかの細かい乳房炎原因菌は一旦後回しにできるのです。

### ＊菌種ごとに治療方法を考える

メイプルファームで使う培地は２分割培地です（図26）。赤い培地と透明な培地に分かれており、このどちらかに生えたかで、まずは大きく「グラム陽性菌」と「グラム陰性菌」のグループに分けます。

グラム陽性菌側に生えた場合、続いてブドウ球菌か連鎖球菌であるかを調べます。調べるために使うのは過酸化水素です。菌を楊枝で集めシャーレに付け、そこに過酸化水素水をかけます。ここで泡が出た菌をブドウ球菌、泡が出ないものを連鎖球菌とするのです。

グラム陰性菌側に生えた場合は大腸菌かクレブシエラと判断するのですが、これは後述します。

連鎖球菌かブドウ球菌かがわかったので、この結果を基に最終的な治療方針を決めます。

肝心の乳房軟膏注入はどちらも同じ軟膏を使います。ブドウ球菌と連鎖球菌は同じグラム陽性菌なのでペニシリン系抗生物質を筋肉注射します。グラム陽性菌にはペニシリンが有効である、という指導のもとペニシリンを使っているわけです。

この二つの乳房炎原因菌では、それぞれ治療期間が違います。ブドウ球菌は３日と比較的短い期間で治癒するのに対して、連鎖球菌はしつこい乳房炎なので７日間治療します。ここに従来の治療法との大きな違いがあります。従来はどのような乳房炎にも、一律で５日間治療を行なっていました。しかし、ブドウ球菌が原因菌だった場合、ほとんどが３日で治るケースであるのに、余分に２日間の

## •　**H**ints

★ 乳房炎の傾向をつかみ、対策を行なおう（治療から予防へ）

★ 乳房炎の特性を理解し、使い分けて効果的な治療をしよう

治療を行なっていたことになります。一方で、連鎖球菌は7日の治療で治癒率が飛躍的に上がる、というデータがあるにも関わらず、治癒前に治療を終了してしまっていたことになります。このため、治療の終了後、しばらくすると再発してはまた5日治療する、ということを繰り返していたわけです。

　このように、オンファームカルチャーによって、最も効果的な期間で治療することができるようになりました。

　グラム陰性菌の場合、厄介なのはクレブシエラですが、まずは大腸菌の話から進めます。

　大腸菌が原因菌の場合、グラム陽性菌と違いセファメジン系の抗生物質を筋肉注射します。グラム陰性菌にはペニシリン系は効果が低い、と指導されているからです。

　正確には、セファメジン系はグラム陰性・陽性どちらにも効果がある（その代

図26　オンファームカルチャー用の2分割培地

り費用は比較的高い）と指導されているので、例えばブツが大量に出て、培養結果が出る前に治療を始める場合は、セファメジン系の注射をします。

　さて、グラム陰性側に菌が生えた場合、多くの場合は大腸菌です。大腸菌性乳房炎も治癒しやすい乳房炎で、3日治療したらそれで終わりです。しかしクレブシエラの場合は違います。甚急性の乳房炎であり、治療が少しでも遅れると高い確率で廃用になります。

　クレブシエラにかかった場合、多くの場合はひどい臨床症状を示すので、培養結果を待たずにすぐに治療を開始します。よってクレブシエラに関しては、搾乳主任の判断力が大いに求められます。熱があり、乳房が腫脹して、著しい低乳量の場合はクレブシエラと判断し、できるかぎり手厚い治療をします。メイプルファームでは「高張食塩水、抗生物質、消炎剤」を投薬しますが、これは獣医師の指示に基づくものです。牧場の獣医師によって治療方法は異なりますので、その牧場の獣医師の判断を仰いでください。

　ポイントは、「培養結果によって四つの治療方法がある」ということです。以前はただ、やみくもに5日間治療を行なっていたものが、その菌に合った治療法を選択し、効果的な治療を自ら意識して指示できるようになりました。

## ＊傾向から対策を考えよう

　また環境ごとに、どのような乳房炎が発生しやすいかの教育を受けました。その一つが、グラム陰性菌は牛の環境が汚いときに発生しやすい、環境性乳房炎だということです。

　自分達で乳汁を培養しているので、どのような乳房炎原因菌が多い傾向にあるのか判断できます。これは、農場運営で大きな意味を持ちます。培養結果から傾向を知れば、それに応じた対策ができます。

　例えば、370頭搾乳しているうち、同時に2頭以上グラム陰性菌が出た場合、「現在、乳房炎が起こりやすい清潔でない状況にあるのだ」ということを認識できます。その対策が、「ベッドに撒く石灰を普段の2倍にする」というものです。石灰で牛床を普段以上に清潔にすることによって、環境をより正常に近づけます。また、敷料のオガコの品質をより良いものにしようとする意識が高まりました。

　逆にグラム陽性菌が多い傾向のときは、「牛の免疫力が落ちているのかもしれない」という仮説を立て、予防として「与えているカビ吸着材を2倍にする」というマニュアルを作りました。

　メイプルファームでは自給飼料の牧草サイレージを与えているのですが、状況によってカビが生えた草を与えてしまうことがあり、そのときに免疫が低下してしまい、結果として乳房炎の増加につながります。

　オンファームカルチャーによって最も変わった部分。それは「乳房炎は治療するものではなく、予防するものだ」と意識変化が起こったことです。この意識の変化は、たまに乳汁の培養検査を専門機関に依頼するときには獲得できない考え方でした。毎日菌と触れ合うことによって、自分の身に起こっていることのよう

に考えることができたのです。

　ちなみに上記四つの乳房炎治療を行なっても治らない場合は、もう一度乳汁を採取し、今度は外部機関に培養を依頼し、細かい乳房炎の特定をしてもらうのです。高度な技術を持った機関はそのように使うのが効果的だと思います。

　牧場で行なう仕事は、シンプルでわかりやすい方がよいです。それが、継続的に培養を行なうことにつながります。継続し、傾向を掴むこと。それが対策につながるのです。

## 03 蹄処置をしよう

### ✳ DIY 第2ステップは蹄処置

DIY のチャレンジ2は蹄処置です。

牧場での私個人の仕事の一つは、蹄処置であると述べました。今でこそ、複数の従業員が蹄処置に関わっていますが、以前は場内でほとんど蹄処置を行なっていませんでした。

オンファームカルチャーを場内で定着させた後、私達が取り組んだ次なるチャレンジは、蹄処置を自分達ですることです。

メイプルファームの蹄処置に対して、二つの課題がありました。

一つは、知識がないことです。さまざまな経験を経た今ならわかりますが、蹄処置はかなりの知識を必要とします。蹄の構造や機能を最低限理解しないまま蹄処置をすることは、恐ろしいことです。適当な蹄処置を施せば、致命傷になりかねません。一応枠場と鎌はあったので、「我流でやってみろ」と社長には言われたのですが、恐ろしくてできませんでした。

もう一つの課題は、設備不足です。当時枠場はありましたが、それは鉄パイプを組み合わせた簡素な物でした。牛の肢を保定するにも、紐で縛って人力で引っ張らなければなりませんでした。たまに獣医師に処置してもらうときは、2～3人がかりで一生懸命牛を扱っていました。

こういうことを堂々と書くことは本来恥ずべきことですが、はっきりと言います。私はきつくて辛くて、汚れる仕事は好きではありません。常に楽な方法を考えようとします。きっと酪農業界の先輩方はがっかりするでしょう。「軟弱ものめ！」と言われても仕方がありません。でも、自分の心に嘘をつくことはできません。私はその枠場で作業するのが汚いし、きついし、牛が暴れるので怖いし、とても嫌でした。「やれ」と言われてもやりませんでした。

### ✳ 知識と設備を整えよう

その二つの課題をどう克服したか、そこには、コンサルタントの導きがありました。

まず知識不足については、コンサルタントが所属する病院の獣医師が1日がかりで削蹄講習をしてくださいました。そこで蹄処置のある程度の基礎を学びました。

そして、外部の削蹄講習会に参加したことも大きな前進でした。コンサルタン

## Hints

★ 楽をしようとする気持ちが、作業の効率化、快適化につながる
★ DIY は責任感を生む！ 能力の責任感がレベルアップにつながる！

トに紹介され、山梨で行なわれている削蹄講習会に参加しました。その講習会は、約 5 日の合宿形式で、朝から晩までみっちり蹄の勉強をします。まずは座学で知識を付け、さらに実践で技術を付けるものです。

そのようにして蹄処置の基礎を身に付けました。今では、農場で 3 年勤務した従業員全員に、この講習会を受講させています。

次は設備です。従来の道具と設備でも蹄処置はできます。しかし、やはり「楽をしたい」という気持ちが、常に道具と設備の進化を生んできたと、私は思うのです。苦労は買ってでもしろという言葉がありますが、道具と設備による苦労は、なるべく少ないほうがよいと思います。

メイプルファームの社長の美点は、「良い」と思ったものには投資を惜しまない点です。枠場は決して安い買い物ではありませんが、獣医師にアドバイスを受け、すぐに購入してくれました。

この枠場は、とても感動的でした。牛を中に誘導して、ハンドルを回すだけでよいのです。まったく力を必要としません。動線さえ作ってしまえば、1 人で追い込むこともできます。また、作業者に糞がかからないようなレイアウトになっていて、快適そのものです。きつくて、汚くて、怖い作業から解放されたのです！

良い設備で作業することは楽をするためですが、この「楽」というのは「快適」とも言い換えることができます。快適な作業なら、続けることができます。何度でも「やろう」という気持ちになります。それが重要です。

たとえ今の作業が苦でなく、「このままで良い」と思われている方でも、設備を更新して、作業が楽になれば、もっと良いパフォーマンスを発揮できるはずです。

また、鎌ではなくグラインダーを使用するようになって、作業スピードが上がり、牛への負担も減りました。今では 15 分もあれば 1 頭の処置を終わらせることができます。

## ✻蹄処置を始めて意識が変化した

知識不足と設備不足の二つの課題をクリアし、蹄処置を自分達でできるようになりました。ここまでの経緯で得たものは、たくさんありました。

一つに従業員の蹄に対する責任感が増したこと。以前は、「誰かが見つけてくれるからいいや」「自分が治療するわけじゃないし」といった無責任さがあったように思います。しかし、「自分達が処置しなければ、この牛はいつまでも痛いままなのだ」という使命感のようなものが生まれたように思います。ほとんど跛行報告

をしてくれなかった従業員達が、今では競うように跛行報告をしてくれるように
なりました。

　そして蹄処置を通じて実際に蹄病を目の当たりにすると、病変のひどさに辛い
気持ちになります。牛は数百 kg の巨体をわずかな面積で支えるので、小さな傷
が一気にひどくなります。普段から蹄病に接していると、こうした病変を見る機
会が増えるため、早く痛みから解放させてあげたいという気持ちになります。

　自己処置を始めてから、跛行を発見した遅くとも翌日には蹄処置をするように
なりました。乳房炎に罹患した牛を1週間放置する人はいませんよね? 蹄病も同
じです。放置するほどに悪化します。そのうちに悪いのが普通になると、牧場の
レベルは著しく落ちるでしょう。

　メイプルファームでは、自己処置を始めて、重度の蹄病は減りました。蹄処置
に取り組み始めた当初は、膿が大量に出ることも多かったのですが、今では軽い
炎症レベルで済むことがほとんどです。膿が出るというのは、跛行発見が遅れて
いるサインです。小さいレベルの跛行をすべて見つけて早期に処置をしてあげれ
ば、いつか必ず膿が出るような牛はいなくなります。

　とくに、牛がフリーストールのような牛の自由に任せる管理の場合、肢が牛群
の命と言っても過言ではありません。肢が悪くなれば、採食は落ち、乳量は減り、
繁殖成績が低下します。蹄のケアは決して楽な道ではありませんが、農場のレベ
ルアップには欠かせないものだと思います。

図 27　きつくて、汚くて、怖い作業から解放させてくれた枠場

# 04 もっと蹄処置をしよう

## ＊患部から白濁した膿を出さないように

　自己蹄処置について、もう少し詳しく書いていきます。

　前の項で、農場での自己処理に必要なことは、「設備」と「知識」であると述べました。それを読んで、枠場を購入し、講習会や信頼のおける獣医師の指導も受けて、「いよいよ自己処置を始めよう」と意気込んでいるあなたに向けて書きたいと思います。すでに自己処置をある程度行なっている人にも、参考になれば幸いです。

　その農場で、初めて蹄処置にチャレンジする人は苦労すると思います。私も毎日つきっきりで詳しく指導してくれる人はいなかったため、一進一退を重ねながら覚えていきました。

　ある程度の努力と苦労は覚悟するべきだは思います。しかし、一度1人がコツを掴んでしまえば、その後に続く人には、ポイントを押さえた指導ができるはずです。

　自己流ではありますが、蹄処置が遅れ気味でないか、それを知る目安を示すことができます。それは、患部から白濁した膿が出ないことです。白濁した膿が出ないことこそ、自己蹄処置の目標です。

## ＊早期発見・早期処置を

　それでは、その目標を達成させるには、どうすればよいでしょうか？ 答えは簡単です。それは初期段階の跛行を見逃さないことです。

　膿が出ることは、処置が遅れていることを意味しています。私が蹄処置を始めた頃は、蹄から勢いよく膿が飛び出し、むしろそれが蹄病を見つけられたサインのように思っていました。しかし今では、膿が勢いよく飛び出すことが、跛行を発見できていなかったことのサインだとわかります。

　メイプルファームでは跛行報告があった当日か、遅くとも翌日には蹄処置を施します。乳房炎や高熱と同じ扱いです。症状が現れたときが、処置をするときなのです。

　そうして迅速な治療を心がけるようになると、患部に膿が溜まるようなことは、ほとんどなくなりました。膿が溜まる症状は、多くの場合、白帯病です。蹄底潰瘍と違い、患部が硬い蹄で厚く覆われているので膿の逃げ場がありません。時間が経つほどに膿自体が内部から蹄を剥がし、重症化させていくのです。

　　現在、メイプルファームにおける白帯病は、白帯部分が赤黒く化膿しますが、膿を出すには至りません。膿を出さずとも、初期の段階で十分に痛がります。その状態ですぐに治療してあげられているのです。

## ＊とにかく跛行を見つけよう

　　目標は、膿を出さないこと。そのためには跛行発見をすることです。

　　跛行を発見するために必要なことは、跛行した牛をすべて処置できる能力と、跛行発見に対する従業員のモチベーションアップです。

　　早期に跛行牛に対して処置するためには、1日のなかで蹄処置をする時間を作ることがポイントです。

　　私がほかの酪農家さんに蹄処置を勧めても、あまり良い返事がもらえない理由の最たるものが、「蹄処置をしている暇がない」というものです。しかし、1年ほど蹄処置の技術を磨けば、1頭の処置を開始してから終了するまで、15分以上かかることはほとんどなくなります。初めは30分以上かかってしまい、牛も人も疲れてしまうでしょう。しかし、技術を取得した先の明るい未来を目指して、努力を重ねてほしいと思います。

　　中規模以上の牧場であれば、余裕を持って人員を配置し、そのなかで常に蹄処置を行なえる人を用意するとよいでしょう。

　　ちなみにメイプルファームでは、1日最低1時間は蹄処置の時間を確保してあります。この時間で、1日2～3頭は処置できる計算になります。

## ＊跛行発見シートで跛行牛の情報を共有しよう

　　また、従業員に、積極的に跛行の報告をしてもらうために、農場内の決まった場所に「跛行発見シート」を貼り出しています（図28）。跛行発見シートに記入する項目は、「跛行牛個体番号」「跛行箇所」「跛行程度」です。

　　そして最後に大切なのが、「跛行報告者」です。誰が報告したのかを記録してもらうことで、モチベーションが上がります。跛行報告をしてもらい、実際に蹄病があれば、それを集計していきます。そうして跛行発見の数を月に一度公表します。もちろん数が多い人は、そのことを誇りに思うはずです。

　　そして、跛行発見が一番多い人に、蹄処置をしてもらうことにしています。年功序列で自動的に蹄処置を覚えるポジションに行くのではなく、跛行発見ができ

なければいつまでも蹄処置は教えてもらえません。跛行発見は蹄処置の入り口だと思います。まずは牛の蹄に興味を持つこと、そうしなければ成長もないと思います。

「跛行発見ができなければ、蹄処置を覚えることができない」と言われれば、競って跛行発見をしようと思いますよね。そこに必要なのは向上心だと思います。向上心がある人は、どんどん成長していける環境を作りましょう。そのために、報告を名前付きでしてもらい、それを集計することが大切だと思います。成果は目に見える形で示すべきです。

最後に注意していただきたいのは、蹄処置は事後処理という事です。蹄病の直接的な原因をなくすわけではありません。DD が異常に多かったり、特定の蹄病が異常に多ければ、いくら蹄処置を施しても間に合わないこともあります。

ですから、信頼のおける削蹄師や獣医師に、蹄病そのものの数を減らすための相談をしてみましょう。個人的には、削蹄を行なうだけの削蹄師よりも、蹄病を減らす相談ができる削蹄師のほうが、良い削蹄師だと思います。健康な蹄で健康な牛を飼いましょう！

| 日時 | 牛番号 | 箇所 | 発見者 | 跛行スコア | 処置 |
|---|---|---|---|---|---|
| 11月30日 | 254 | 右後 | 林 | 4 | WB |
| 11月30日 | 545 | 左前 | 佐藤 | 2 | UB |
| 12月1日 | 410 | 右後 | 濱田 | 4 | DD |
| 12月2日 | 555 | 右後 | 齋藤 | 5 | W |
| 12月5日 | 1241 | 左後 | 橋本 | 4 | UB |
| 12月6日 | 1452 | 右前 | 祐尾 | 3 | UB |
| 12月6日 | 777 | 右前 | 城田 | 2 | 重WB |
| 12月8日 | 500 | 右後 | 山本 | 4 | |
| 12月8日 | 528 | 右後 | 沖田 | 2 | |
| | | | | | |
| | | | | | |

図28
跛行報告シート

# 05 周産期病を改善しよう

## ＊症状が表れてからでは手遅れ

　ここまで、チャレンジ１、チャレンジ２と成長を続けてきました。そしていよいよチャレンジ３「周産期病」についてです。

　ところで、そもそも周産期病とはなんなのでしょうか？ 乳房炎や蹄病は病気の種類や症状は大雑把にいって一つしかありません。しかし周産期病は一つの症状では説明しきれないと思います。

　周産期病とは読んで字のごとく、分娩に伴う疾病ということになります。乳房炎や蹄病が疾病の発症箇所を表しているのに対して、周産期病は疾病の発症時期を表しているのが大きな違いです。

　乳房炎や蹄病はいつでも起こりえる疾病ですが、周産期病は分娩前後の時期にしか起こりません。当たり前に聞こえるでしょうが、「分娩前後の時期の牛の体調管理を、いかに集中して行なうか」が大切なのです。

　そして、周産期病を改善するために必要なことは、予防です。専門的な知識のない私から言わせてもらっても、これは間違いないことだと思います。これも乳房炎や蹄病とは異なる部分です。周産期病に関しては症状・病状が牛に表れてしまった頃には、もう手遅れになってしまっている場合が多いように思います。

　分娩前後の牛の不調の兆し、疾病につながる変化をいかに汲み取り、症状につなげないかが大切です。そして、フレッシュ群の管理とは、例えるなら産婦人科での管理です。出産直後のお母さんは、病院で手厚く介抱されますよね。牛達は分娩直後から、いわば重労働を課せられるので、私達のサポートがとても大切になると思います。

## ＊初期段階でケアしよう

　そもそもメイプルファームにはフレッシュ群が存在していませんでした。

　フレッシュ群用の50頭規模の施設があるにはあったのですが、そこは肢の悪い牛や乳房炎の治らない牛、体調の悪い牛をまとめておく、いわゆる病棟として機能していたのです。このため、分娩した乳牛は分娩後すぐに、泌乳最盛期の牛達と一緒にされていたのです。これでは管理のしようがありません。

　これまで述べてきた二つのチャレンジよって病気の牛達がいなくなり、病気の牛群が必要なくなり、結果的にチャレンジ３のフレッシュ群を確保できたという経緯です。

# **H**ints

★ 治療管理の労力はフレッシュ群に重点を置く
★ フレッシュで予防すれば未然に深刻な疾病を防ぐことができる

さて、フレッシュ牛舎にフレッシュ牛達を集めることができました。そうして朝搾乳後 3 時間、フレッシュ群を管理するに、従来よりも「多い」人員を配置しました。

フレッシュ管理の大まかな流れは以下のとおりです。

①フレッシュ群全頭の採食を確認
※フレッシュ搾乳時にスタンチョンをロック
②採食をしていない牛の不調を探す
※見た目、乳量、体温測定、血液検査、聴診等
③不調に合わせた治療を行なう
※自分達の手に負えない疾病は獣医師に依頼

②中の血液検査は、ケトン体（BHBA）と血糖値を計測します。道具は人間の糖尿病患者向けの簡単なキットです。そこで BHBA が 1.2 mmol ／ ℓ 以上であればケトーシスの予備群と判断し、その日からケトーシスの治療を行ないます。

この状態ではまだ病気とはいえません。BHBA が 3.0 以上の場合は治療群として扱いますが、早期に発見して早期ケアをした場合は、BHBA が 3.0 を超えることはほとんどありません。つまり、早い段階でケトーシスに対して予防措置を施すことで、重症化させないのです。これこそが、ケトーシス対策でとても重要なポイントなのです。

従来は、フレッシュ牛を搾乳牛群と同居させてしまっていました。そこでエサ喰いが悪くなるような、不調の始まりを見逃してしまい、人知れず体調が悪化していき、そして第四胃変位になって異常な低乳量になる。ここでやっと、その牛の体調不良に気が付くような状態です。

しかし、フレッシュ群を作って徹底した観察と管理をすることで、そのようなに手遅れを防ぐことができました。

具体的な治療や予防はほかの箇所で触れるとしてフレッシュ群管理を始めて一番の効果はこのような早い段階での予防的治療により、牛の不調を深刻化させない、という点にあります。

フレッシュ群を始めて今ではもう二年以上になりますが、経験から得たことがあります。それはフレッシュのときに体調を万全のまま泌乳最盛期を迎えた牛はほとんど病気をすることなく、放っておいても勝手に健康であり続けるということとです。

　泌乳中期以降のエサ喰い・見た目を観察するはしていません。それらの牛達の健康管理の観察をする時間は、フレッシュ群に回すべきです。

　乳量低下として表れた場合のみ不調の検診をします。重要なことは周産期という時期にフォーカスすることなのです。

　結果的にフレッシュ管理を始めてからピーク乳量が半年で 4kg 以上上昇しました。目に見える結果としては乳量が上がったことと、疾病が減少したことになるのですが、それ以上に価値のあるものは従業員のモチベーションが上がったことだと思います。

　フレッシュ群管理は従業員が入社して初めに配属される場所です。従来よりも牛の病気に身近に接することによって、牛の生理・病理についてより深く考えるようになりました。今までは、牛がいつの間にかどこかで病気になり、誰かが治療しているような、いわば他人事だったと思います。

　今までよりも牛についての質問も増え、従業員に教育する機会も増えました。振り返ればコミュニケーションの増加、モチベーションの増加こそ、獲得した大切なものだったのだと思います。

図29　ケトン体と血糖値を測定してケトーシスを未然に発見しよう

## 06 フレッシュ管理をしよう 実践編

### ＊症状の可能性を覚えてもらおう

ここでは、さらに実践的なフレッシュ管理に解説していきます。

メイプルファームにおけるフレッシュ期間の定義は、分娩後３週間としています３週間何事もなく健康で過ごすことができれば、搾乳牛群に移動します。一度でも大きな疾病、手術などをした場合は、原則発情が来るまでフレッシュ群内での管理を続けます。発情を健康のサインとするわけです。

フレッシュ管理の極意とは、不調の始まりを可能なかぎり早く見つけることに尽きます。

ここからは、経験の少ない作業者に不調というあいまいな状態を正確に捉えてもらうためのポイントを紹介していきます。

獣医師に牛の不調の見つけ方を質問したことがあります。その答えは、「まず牛を大雑把に見る。そして徐々に細部に注目し、原因を特定する」というものでした。これが目指す所ではあると思うのですが、経験や観察眼が備わっていることが前提となっていると思います。

そこでまず、新人には、どのような疾病の可能性があるのかを一通り覚えてもらうことが必要です。

図30はフレッシュ牛の疾病マニュアルになります。左に実際に牛に起こったこと（症状）、右に疾病が記入してあります。ここに書かれていることは最低限暗

| エサ食いが悪い牛のチェックポイント | | |
|---|---|---|
| ○体温計測 | | |
| ・39.3℃以上 | B D E | |
| ○乳房炎チェック | | |
| ・高熱を併発することが多い | D | |
| ・乳房張り、ブツをチェック | | |
| ○血液検査(keton1 2mm以上) | | |
| ・5日以内に血液検査していない場合行う | A B C | |
| ・分娩後5日経たないとケトン体は出にくいので注意 | | |
| ○泌乳量か調べる | | |
| ・急激に減った場合はクリプシュラ乳房炎、変位の可能性がある | 全て | |
| ○目床ち 耳床ち モジャチェック | | |
| ・元気がなさそうな牛を見つける | A B C E F G | |
| ・エサ食いが良くてもこの項目が悪ければ要注意 | | |
| ○咳 呼吸が荒いかチェック | | |
| ・周りの牛と比べると分かりやすい | E | |
| ○歩行 ベッドから起きにくいかチェック | F H | |
| 立てない時は無理をしない | | |

| A | ケトーシス |
|---|---|
| B | 子宮炎 |
| C | 第四位変位 |
| D | 乳房炎 |
| E | 風邪 肺炎 |
| F | 低カルシウム |
| G | 下痢 胃腸障害 |
| H | 蹄病 |

ケトーシスと子宮炎はお互い併発しやすいので注意

図30
フレッシュ牛の
疾病マニュアル

# Hints

★ マニュアルの形態は一つではない。効果的なマニュアルをそれぞれ活用しよう
★ 状況に合わせてマニュアルを改善し続けることが重要

記してもらいます。

例えば高熱を発症した際にありがちなのが、乳房炎の見落としです。高熱＝風邪と先入観を持たないためにこのような表を作りました。



## ＊予防と早期処置のフローチャートを作ろう

血液検査を積極的に行ない、ケトーシスを早期処置することも非常に重要です。

まずは BHBA1.2 mmol ／ ℓ 以上の牛に経口補液します。3.0 以上の牛は治療牛なので、搾乳制限をする場合もあります。搾乳によって糖が使われるので、3 回搾乳のうち、1 回をあえて搾らないようにします。

それをわかりやすくフローチャートにしたのが図 31 です。マニュアル作りにおいて、共通する一つのルールとして、いかに言葉を少なくできるか？ という点が、わかりやすく理解しやすいものを作るポイントになります。フローチャートにすることによって、視覚的に手順を把握できます。参考にしてみてください。

周産期病の代表的症状の一つとして、乳熱（低カルシウム症）があります。いざ牛が低カルシウム血症を発症してしまうと、起立困難からの運動器障害など、二次被害を引き起こしかねません。やはり、治療よりも予防が大切になります。

予防し過ぎるということはありません。理想は、手間を惜しまずに最大限のことをしてあげることですが、初産のように乳熱が起こりにくい牛もいます。逆に

ケトーシス 治療マニュアル

| 血液検査 | ケトン値 3.0以上 | | ケトン値 1.2〜2.9 |
|---|---|---|---|
| 1日目 | グリコ ウルソ アスピリン25g | | グリコ ウルソ アスピリン25g |
| 2日目 | グリコ ウルソ アスピリン25g | | グリコ ウルソ アスピリン25g |
| 3日目 | 血液検査 ケトン値3.0以上<br>グリコ・ウルソ アスピリン25g +搾乳制限 | 血液検査 ケトン値2.9以下<br>グリコ・ウルソ アスピリン25g | グリコ ウルソ アスピリン25g |
| 4日目 | グリコ・ウルソ アスピリン25g +搾乳制限 | グリコ・ウルソ アスピリン25g | グリコ ウルソ アスピリン25g |
| 5日目 | グリコ・ウルソ アスピリン25g +搾乳制限 | グリコ・ウルソ アスピリン25g | 血液検査 |
| 6日目 | グリコ・ウルソ アスピリン25g +搾乳制限 | 血液検査 | |
| 7日目 | 血液検査 | | |

ケトン値2.9以上の牛は血糖値も計測する
血糖値40以下を目安に ブドウ糖25%1本 酢酸リンゲル2本
アニビタ50mlを静注を検討する
前期分娩の牛は予防的に4日間治療する

図 31
ケトーシス治療マニュアル

老牛の場合は一般的にハイリスクであるといえます。このような特徴から、カルシウムを予防的に補液する牛には「条件がある」ということになります。条件を一覧にしたのが図 32 になります。

「3 産以上の牛にカルシウムを与える」「6 産以上には朝夜与える」など、産次など具体的な「数字」を条件づけにしています。この数字に根拠はありません。獣医師や従業員と話し合って決めましたが、なんとなくこの数字にしたものです。

大切なことは、マニュアルを作り続けることです。実際にこのマニュアルを使ってみて、事故が起きなければそれでよし。手間を掛けすぎていると感じた場合、条件を少し甘くしてみるなどです。個人的には、労力とコストを無駄に掛けることが美徳とは思いません。同じ結果を得られるのであれば、楽なことに越したことはないと考えています。しかし、酪農は生き物を扱う職業ですから、手厚く、過剰なほどに予防することが間違いであるとも思いません。

事故が多ければ、条件の数字をもう少しシビアにするなど、改善していけばよいと思います。牧場の環境、飼養形態によって疾病の起こりやすさは変わります。一概に、すべての農場に当てはめて決められるものではありません。ベストに近いマニュアルを目指して、検証とそれに対する対応を続けていけばよいのです。

ただし、ここで紹介するのはあくまで一例であり、ヒントです。例えば、あまりにもケトーシスの割合が多い場合、乾乳の飼養形態に問題がある可能性もあります。エサの設計はとてもデリケートな領域なので、あなたの牧場に関わりのある、信頼できる方に相談をしてください。

牧場にあったマニュアル作りをしましょう！

図 32
カルシウム補液マニュアル

## ⑦ DIY まとめ

### ＊自分でやれば責任感が生まれる

　三大疾病に対してさまざまなチャレンジを行ない、結果的に疾病をコントロールできるようになりました。

　エサの管理など、この Chapter で紹介したこと以外にも増加の要因があるとはいえ、出荷乳量は 50％ 近く増加しました。しかし、この Chapter で重要なことは、乳量を増加させることではありません。

　牧場で働く従業員にとって、「自分でやる」ということは、気持ちのうえでとても大切だと思います。自分でやるからこそ、責任感が生まれます。

　自分で予防処置をし、不調だった牛が元気になる様子を見て、経験することがモチベーションアップにつながります。また、技術を競い合い、切磋琢磨することで向上心が生まれます。

　牧場の従業員は、ともすれば「牛を飼わされている」状態になりがちではないでしょうか。そこで、自分達で何かに取り組むことによって、やがて「自分達の牧場」という意識に変わります。この意識の変化は、「経営者の牛を管理させられている」状態よりも、よほど働き甲斐があると思うのです。

### ＊牛達の健康を目標にしよう

　私は従業員に平均乳量を増加させよう！ とか○○ kg が今月の目標です！ と言ったことがありません。そうした目標を掲げないことを、誇りにさえ思っています。乳量が上がって嬉しいのは、当然です。乳量増を果たせた後は、皆をねぎらいます。しかし、乳量が増えて本当に嬉しいのは、実は経営者だけなのではないでしょうか。

　誤解を恐れずに書きますが、「牧場に勤めたい」と希望する学生は、一般的には特殊な部類に入ると思います。牧場で働きたいという気持ちは、「牛が好き」や「牧場の仕事が好き」のように、とても尊い、清らかな気持ちだと思うのです。お金や生活する手段のためだけで牧場に志望する人はあまりいないと思います。

　私は「乳房炎を減らそう！」とか、「蹄病を解決しよう！」といった目標を掲げます。それを達成したときこそ、従業員達が働くうえでの自己実現になると思います。

　目先の売り上げや利益増加は、決してモチベーションにつながらないと思います。乳量や売り上げには限度がありません。達成しても、その次を目指し続ける

## **H**ints

★ DIY の目的はモチベーションアップ

しかありません。乳量が一時的に減少したことの理由も調べもせずに、ただ従業員を非難するよう環境では、経営者と従業員の関係もあまり良いものになっていくとは思えません。

「体細胞ゼロを目指す」「疾病罹患率ゼロを目指す」「事故廃用ゼロ」を目指すという牛の管理は、牛をどこまでも健康にし続けることです。これこそが常に農場の目的であり、目標になるべきだと思います。

自分達の高いレベルの管理の結果、「自然と乳量が増えた」というのが理想ではないでしょうか。そのときは従業員をしっかりほめてあげましょう。ボーナスを奮発してもよいかもしれません。私の手取りも増えるといいのですが。

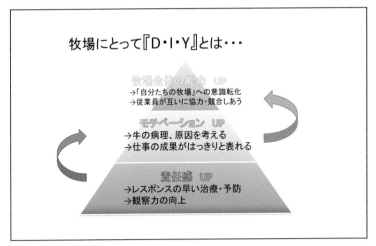

図 33　DIY は責任感とモチベーション、そして農場全体を引き上げる

122

# Chapter.4

# 本書を
# 農場運営に
# 活かすために

# 01 モニタリングの仕組みが大切

## ＊具体的な課題を持とう

　あなたの牧場には、現在進行中のプロジェクトはありますか？ もしなければ、この稿を読み終える頃に、「今月中に何か課題を設定しよう！」と思ってもらえると幸いです。

　自慢ではありませんが、メイプルファームには、いつどんなときも、具体的な課題を設定しています。やっぱり自慢でした。すみません。

　従業員が（あるいは、牧場に関わるすべての人が）とくに課題もなく、ただ何となく仕事をしている状態は張り合いがなく、さみしいように思います。

　チームで共通した課題を持つことは、チーム力を高めるエネルギーです。

## ＊牧場を評価する仕組みを持とう

　課題を持つうえで大切なことは、牧場で起こったことを客観的に評価する仕組みがあることです。つまり、新しいことを始める意欲があっても、始めたことを評価できなければ、いずれその意欲は削がれていくかもしれません。

　私の知り合いから聞いた、悪い例をあげます。その牧場では、コンサルタントが定期訪問することを皆嫌がるそうです。なぜなら、コンサルタントは「仕事を増やす厄介な存在」だからだそうです。従業員としては、ただでさえ忙しいのにさらに仕事を増やされては、ますます大変になるからだといいます。これはとても残念な状態ですね。コンサルタントは、牧場を良くしようと善意でカイゼンを提案しているのに、牧場にはそれを受け入れる体制が整っていないのです。

　なぜ、従業員は前向きに課題に取り組まないのでしょうか？ それは課題を評価する体制が整っていないからかもしれません。では、評価する仕組みがないと何が起こるのでしょうか。

　一つに、「達成感を得られない」ということがあります。苦労して仕事を増やしたのに、それに意味があるのか、あるいは得をしているのかがわからない。どんどん仕事だけが増えていき、それが嫌な記憶としてしか残らない。それでは、新しいチャレンジに反対するのも無理はありません。

　また、評価できないというのは、「無駄な仕事をなくせない」という大きな問題点も有します。メイプルファームでは、新しいことに取り組むのと同じくらい（あるいはそれ以上に）、仕事を減らすことも重要だと考えています。最小限の労力と最大限の効果。そのバランスが大切です。

　ありがちなのは、実際には作業をしない経営者やリーダーが、思いつきで新しい仕事をどんどん増やしていく環境です。「小さい仕事だから」「時間がかからないから」と、どんどん仕事を増やしてしまう状態です。しかし、時間の長短や労力の大小にかかわらず、非効率的な仕事を減らしていくことこそ、運営においてとても重要なのです。

125

　無駄な仕事をなくし、時間に余裕を作らないと、新しい仕事を追加できません。

## ＊ケーススタディ：モニタリングの重要性

　具体的な例をあげます。

　メイプルファームでは、フリーストールで乳牛を飼養しています。通路は飼槽側と水槽側の二つです。従来は乳牛の集まりやすい飼槽側通路にだけオガコを敷いていたのですが、さらに体細胞数を下げるために「水槽側にもオガコを敷こう」といったプロジェクトを始めました。オガコを従来の倍の面積に撒くわけです。

　1日3回除糞をするのですが、そのたびに牛舎通路全面にオガコを敷くことにしました。オガコは肢に付いた糞便を取ってくれ、乳牛を清潔に保つイメージがあります。多くするほどに乳牛が清潔で健康になることを期待しました。

　しかし、結果は反対でした。図34を見てください。四角で囲った範囲の、オガコを倍増した期間だけ体細胞数が増加しているように見えます。その後、全面撒布を中止すると、体細胞数はすぐに減少に転じました。

　これは、とても意外な結果でした。なぜこのような結果になるのか、原因究明の話は、ここでは置いておきます。強調したいのは、「オガコを増やすと体細胞数が増えた」という事実ではありません。これは、メイプルファームの環境と管理技術の条件で引き起こされたのです。伝えたいことは、「客観的評価（モニタリング）の重要性」です。

　この稿の初めに、プロジェクト・課題を持つためには、それを評価する仕組みが重要だと述べました。今回の件に当てはめると、体細胞数の評価があってこそのプロジェクトだったといえます。

　メイプルファームでは、組合から送られてくる乳成分をすべてパソコンに入力しています。これがなければ、新しいチャレンジを始めることすらできませんでした。

　結果として、このプロジェクトは失敗に終わりましたが、とても有意義なものでした。もちろん経営が傾くような失敗は許されませんが、この程度の失敗は次の成功へのステップです。5回失敗しても1回成功すれば良いのです。

　「シッパイしても、イッパイ頑張れば、オッパイ出るぜ！」ということです。私の尊敬す島本正平先生スタイルに挑戦してみましたが、どうやら無謀な試みだったようです。

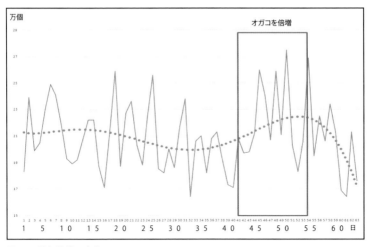

図 34　体細胞数の変化

## 02 マニュアルを 更新し続けよう①

### ＊マニュアルは牧場運営のカギ

　作業マニュアルは作業の平準化や教育の容易化、意識の統一など、さまざまなメリットがあり、運営改善のためになくてはならないものといえます。組織的運営がうまくいく鍵なのです。

　ここでは、「すでにマニュアル作りを始めている」「昔からマニュアルは存在している」という方に、マニュアルをさらに良いものにする、あるいはマニュアルが形骸化せずに定着するための応用編を紹介したいと思います。

### ＊マニュアルは生モノである

　マニュアルの質を上げるために必要なことは、「マニュアルに完成はない」ということと、「改訂しやすい環境作りをしよう」という二つです。

　「マニュアルに完成はない」とは、どういうことでしょうか。それは、「マニュアルは生モノで、変化し続けるもの」ということです。新たな知見によって内容を変えなければならなくなったり、作業性が現場と適合しないために、現場の目標設定を変更するなどのことが起こります。

　酪農学、獣医学は日進月歩で、コンサルタントの先生からもたらされる新たな情報によって、数字の基準が変わることは、ままあります。

　例えば、ケトーシスの治療予備群の基準である BHBA が 1.4 から 1.2 に引き下げられたり、淘汰率の基準が初妊牛価格の高騰によって引き下げられたりもしました。更新率 30％をクリアしていれば問題ないとしてきたのですが、本年度は目標を 25％に再設定しました。

### ＊マニュアルが現場と合っているか？

　ここで、マニュアルが現場と適合しない状況を説明していきます。マニュアルを設けても、現場独自のルールに置き換わることはよくあります。例えば、メイプルファームには「乾乳前期から後期へ牛群移動した牛を、朝の搾乳主任が目視で確認する」というマニュアルがあったのですが、朝の搾乳主任が多忙なため、いつの間にか「乾乳エサ担当者が確認する」という独自のルールに置き換わってい

血液検査の条件

■ハイリスク牛

・乾乳期間が100日以上の牛

・前期で分娩させた牛。過肥の牛
(過肥か迷ったら獣医師に相談する。)
グリコウルソアスピリンは分娩初日から投与

・2産以上の難産・双子分娩牛

■血液検査回数

・ハイリスク牛は分娩5日後　1回目正常だった場合10日後の2回

・ケトー治療牛は正常になった後、5日後にもう一度検査を行う

・ケトン値3.0以上の場合　血糖値も計測する

上記以外の牛は　エサ食い　状態(太っていないか?)
低乳量　獣医師診断等で判断する。

※分娩後5日経過しないとケトン体は出にくい
但し分娩5日以内や乾乳後期でも出る事があるので要注意。

■誰が何をするか

分娩を入力した主任が、分娩の欄にハイリスクと
記載
カレンダーに血液検診検査予定記入

2017.4.11

図 35：血液検査マニュアル

繁殖治療プログラム　2017.2

| 3回目AIまで | 無治療 |
|---|---|
| 4回目AI後 | 5日後HCG注射 |
| 5回目AI後 | 5日後CIDRのみ |
| | 10日目CIDR抜く |

・DIM　50日以降　発情牛にAI開始
・DIM　73日以降　検診時に健康なら
　　　　　　　　　　CIDRorショートシンク開始

※健康牛とは病気に罹患していない蹄が良好で
　乳器に問題ないの牛

・250日までは従来通りの順番で繁殖治療を行う
・250日以上でHCG、CIDR　未治療はすべて行う
・280日以上の牛は種付けしない　淘汰

通常CIDR：　0日目CIDR+EB(1cc)
8日目CIDR抜くPG2cc　9日目EB0.5cc

図 36：繁殖治療マニュアル

ました。

　マニュアルを作ったのはよいものの、実際には現場では一切活用されていないものもありました。乳房炎や胃腸障害などで保険的に手厚い治療を用意していましたが、実際には簡易な治療で治るケースがほとんどであり、「わざわざ面倒をするまでもない」という現場判断で止めているケースもありました。

　マニュアルが不足していた具体例をあげると、以前はケトーシス処置を行ない、処置後にBHBAが正常であればそれで治療を終了していました。しかし、ケトーシスをぶり返す牛が多くいることがわかりました。そこでマニュアルを改訂し、正常だった牛も念のため5日後にもう一度血液検査を行なうように追記しました（図35）。それでケトーシスのぶり返しを見逃さなくなりました。

　数値目標を改訂したために、マニュアルを変更した場合もあります。メイプルファームでは「初回人工授精は分娩後60日以降から開始し、100日まで繁殖活動がない場合は繁殖プログラム開始」というマニュアルがありました。しかし、乳量アップを目指し、平均搾乳日数を短縮させるために初回人工授精を分娩後50日以降に、検診日を73日に改訂しました（図36）。その結果、平均搾乳日数は短縮され、乳量もアップしました（図37）。

## ＊マニュアルは改善し続けることが大切

　以上、さまざまなマニュアル改訂の例を紹介しました。まずはマニュアルを作ることが一番大切です。しかし、作っただけで満足してはいけません。作ったらそれを改善し続けることが重要です。

　マニュアルは唯一無二の神聖な教典ではありません。それに縛られる必要はないのです。変えてはいけないのは「改善し続ける積極的な姿勢」だけです。次項は、改訂するための環境作りを紹介いたします。

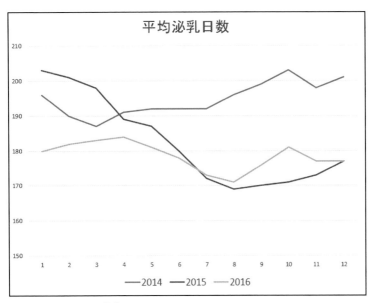

図 37：平均搾乳日数の推移

**03** # マニュアルを
更新し続けよう②

## ＊マニュアル改定のために重要な３項目

　ここでは、いかにマニュアル改訂のしやすい環境を作るかについて、述べてい
きたいと思います。

　私は、マニュアル改定のしやすい環境作りにおいて、三つの重要な項目がある
と考えています。それは、①マニュアルをできるだけ印刷しない、②マニュアル
を改訂しやすい関係性作り、そして③定期的なマニュアル改訂会議、です。

　マニュアルを印刷しない、というのは意外に思われるかもしれません。批判を
承知で書いています。しかし昨今、さまざまな商品、とくに電子機器を購入する
と紙の説明書が付いていないことが多くなったと思いませんか？ 省コスト化が
一番の目的なのでしょうが、実は内容を改訂しやすいというメリットもあります。

　マニュアルに不具合があったとき、またはバージョンアップがあった際に、説
明書の内容が変わることはよくあります。紙のマニュアルであれば、そうした際
に再度印刷する必要が生じます。

## ＊マニュアルを貼りださないという選択

　「マニュアルを作ったら壁に貼りましょう」という文言はよく目にしますし、悪
いことではないように思えます。初めのうちは壁に貼ってもよいかもしれません。
しかし、ここで紹介する内容は「応用編」ですので、マニュアルを作った後のこ
とを考えます。

　マニュアルが増えるほど壁に貼ること自体が大変になるはずです。メイプル
ファームでは、すでにマニュアルの数が 200 を超えていますので、すべてを貼っ
たら壁がマニュアルだらけになってしまいますね。

　仕事を覚える最初の日に、必要なマニュアルを印刷して個人に渡すことはあり
ますが、マニュアルを壁に貼るということはほとんどしていません。マニュアル
を貼ってしまうと、内容を改訂した際に、データ上は改訂しているにもかかわら
ず、紙で貼っている旧・マニュアルの存在に気がつかず、古い情報が現場に残さ
れてしまう危険性があります。このような状態では、マニュアル制度そのものが
陳腐化しかねません。

　そこで、メイプルファームでは、マニュアルをデータ化して、従業員にはパソ
コン上で必要なマニュアルを検索・閲覧してもらうようにしています。

　例外的に、閲覧する頻度が非常に高く、かつ複雑なルールに関しては壁に貼っ

ています。いちいち検索するのが億劫だからです。その場合、内容を改訂した際に貼り直すことを決して忘れてはいけません。

## ＊マニュアルと現場はかい離しやすい

　次はマニュアルを改訂しやすい環境作りです。既にマニュアルは変わりやすいもの、と述べました。例えばマニュアルが現場の状況に即していないとき、経営者のあなたはどうしますか？「なんで言われたとおりにしないんだ！」と怒りますか？　怒る前に、まずは「なぜ言われたとおりのことをしていないのか」、その原因を一緒に考えましょう。仮に、言われたとおりにできない理由が「楽をしよ

うとした結果」だとしても、その理由の背景には、あまりにも仕事を詰め込みすぎたということがあるかもしれません。

　非常に重要なことなのでぜひ覚えておいてほしいのですが、マニュアル制度というのはトップダウン経営に陥る危険性を大いにはらんでいます。現場の声に耳を傾けず、何も考えずにただマニュアルに従わせる雰囲気では、改善は見込めません。正当性もなくマニュアルを反故にしていたとしても、感情的に怒るのではなく、じっくりとマニュアルを守れなかった理由を論理的・建設的に話し合えば、きっと本人も深く反省してくれると思います。

　「マニュアルと現場はかい離しやすい」という共通認識を、チーム全員が持つことに意味があります。メイプルファームでは新人に対して、マニュアルを読んでもらったうえで「マニュアルが現場とかい離していた場合、それを指摘することがあなたの重要な仕事です」と強調して伝えます。上司がそれを伝えれば新人も気兼ねなく指摘してくれます。よほど悪質な怠慢がないかぎり、マニュアルを守っていないことを非難したりしません。怒られてばかりいると、従業員は実際にはきちんとやっていないのに「やっているふり」をするようになるのではないでしょうか？　それがもっとも憂慮すべき状況であるはずです。

## ＊年に一度はマニュアルの総点検を

　そして最後に、定期的にマニュアルを読み返すことも重要です。最低でも１年に一度は全員ですべてのマニュアルを読み、無駄と思えるマニュアル、現場に即していないマニュアルを見つけてもらい、ミーティングを行ないます。いわばマニュアルのキャリブレーション（校正）です。意図的ではなく、無意識のうちにマニュアルを変えてしまうことはよくあります。

　メイプルファームでは、図38のように皆でさまざまな意見を出してくれました。この意見を基に、すべてのマニュアルの改訂を行ないました。

　以上のように、マニュアルを改訂しやすい環境作りを整えておくと、普段から従業員が進んで改善提案をしてくれるようになります。マニュアルは改善の中心です！　皆さん、より良い牧場を目指しましょう！

| 2017 年マニュアル変更要望 | |
|---|---|
| 牛山 | 新人が作ることが多い乾乳飼料で、時間を守るのが厳しいのでは? |
| 角村 | ケトーシス otc 注入、理由を書いたほうが理解がしやすいのでは |
| 乳野 | カルシウム補給　3回目のタイミングが曖昧 |
| 乳房田 | ここ一年以上乳房洗浄してない |
| 尾崎 | 青バンド、廃止されている |
| 蹄橋 | 溶解液量と調整液量の違いが明記されていない |
| 涎岡 | グリコ・ウルソの量が書かれていない |
| 蛋白藤 | 乾乳移動マニュアル　確認は実際は飼料製作者が行っている |
| 餌野 | 初生牛舎に子牛を運ぶマニュアルがない |
| 草川 | アスピリンの使用期限を作ったほうがいい |
| 乳頭 | 肢腫れマニュアルが具体的に書かれていない |

図 38　皆で出し合ったマニュアル変更案

# 04 評価制度を作ろう①

　皆さん、最後に成績表をもらったのはいつですか？ それは、良い思い出ですか？ それとも記憶の奥深くに封印した暗い過去ですか？

　私は成績表のことを思い出そうとすると、たちまち蕁麻疹が吹き出し、悪寒・吐き気・熱感を伴い気絶しそうになるほどです。とくに高校１年生の一学期の成績は……、体調が悪くなってきたので昔話はこのくらいにしておきましょう。

　メイプルファームでは一年に一度、成績表を渡しています。会社なので「評価」または「評価制度」と呼んでいますが、要するに成績表です。評価制度をうまく取り入れれば、必ず従業員のモチベーションアップにつながります。ただし、評価制度を導入するのは簡単ではありません。生半可な気持ちでは導入できません。

　志の高い経営者の方であれば、「評価制度は牧場・チーム力向上のために避けては通れない道」だと感じているはずです。

## ＊評価制度の三つのメリット

　ここでは、評価制度のメリットから述べていきましょう。私は大きく三つのメリットがあると思います。一つ目は給与の根拠が明確になるということです。これは想像に難くないですね。何となく給与額を決めるよりも、明確な根拠があったほうが従業員も納得して給与を受け取ってくれるはずです。経営者としても給与の裁定に迷うこともありません。

　一般的な企業の多くが、成績を点数化・階層化し、それによって給与に反映したり、あるいは賞与・ボーナスに反映したりします。基本給は、基本的に減額するべきではないので、賞与に反映することも有効な選択肢の一つです。

　二つ目のメリットは従業員の教育です。評価制度は言わば成長のための地図です。地図がなければ目的地にたどり着くことはできません。これから覚えなければいけないこと、成長しなければいけない項目がわかれば、最短距離で成長することができます。

　一方、経営者・リーダーにとってみれば、従業員に対して「何ができなくて」「何を教えなければいけないか」を知ることができます。ただ漠然と日々を過ごすだけでは、やがてやる気がなくなっていくのは当然です。従業員にとって、どのように成長していけばよいのか想像できない、何をすればよいのかわからない、というのはストレスフルなことです。

　三つ目のメリットは、「コミュニケーションが生まれる」ということです。この

メリットが一番重要で、むしろこのために従業員を評価しているといっても過言ではありません。

## ＊評価はコミュニケーションのテーブル

コミュニケーションとは、つまり対話です。従業員が増えるほど、個々の従業員と会話をする機会が失われ、経営者から見れば従業員がどのような思いでいるのかが、従業員から見れば経営者がどのような考えを持っているのかが、それぞれわからなくなります。「従業員とは毎週お酒を飲みにいっているから大丈夫！」という方もいるかもしれません。それはそれで良い面もあると思いますが、感情的ではなく冷静に、客観的かつ建設的に従業員と話をする機会は絶対に必要です。

いきなり何のきっかけもなく、従業員と話そうと思っても難しいですよね。評価制度は話し合いのためのテーブルであり、椅子だと考えてください。詳細については次項で述べますが、メイプルファームの評価では、自分自身をどう評価するかの「自己評価」と、上司・経営者から目線の「上司評価」の２種類を用意します。

## ＊自己と上司の評価から見えるものは？

まずはお互い話し合わずに自己評価、上司評価を用意します。

自己評価が高すぎる従業員に対して、「自分に甘いぞ！」などとたしなめてはいけません。それはまったくの間違いです。ポイントは自己評価と上司評価のギャップを埋めることにあります。

従業員としてはできていると思っている仕事も、経営者にとって物足りないことがあります。それは多くの場合、その仕事において重要なポイント、"キモ"が共有できていない場合に起こります。

一つの例をあげます。「不調な牛を見つけることができる」という評価項目があったとします（図39）。従業員としては頻繁に高熱を出す牛を見つけているので自己評価に満点を付けたとしましょう。しかしリーダーの認識では、「高熱はもちろん、ケトーシスや第四胃変位、蹄病まですべて見つけて初めて満点」と考えていたとします。ここに意識のギャップが顕在化するのです。このギャップを認識できれば、従業員としては現状に満足せずにさらなる努力をしてくれることでしょう。

　また、別の例として、「ほかの従業員が困っているときに助けていますか？」という評価項目があったとします。従業員は満点を付け、上司が最低点だったとします。その場合、上司は「どうしてこの質問に満点（もしくは及第点）を付けたの？」と質問をすることでしょう。そのとき初めて、従業員は上司に対して「忙しいときは哺乳の手伝いをしている」という事実を知らせることができます。上司が現場にいない時間帯に、彼は全体のサポートをしてあげていたのです。

　日本人の美徳として、「自分の手柄を自慢しない」というものがあります。しかし評価のときくらい、謙遜せず自己主張するべきだと思います。

　このように、評価を通じてお互いの誤解や理解不足を埋めるコミュニケーションが生まれます。

　評価制度は継続するのがとても大変です。容易に形骸化、陳腐化してしまいます。そうさせないのが評価を交えた話し合いなのだと思います。また、評価制度はトップダウン経営に陥る危険性をはらんでいるので、一方的でなく、相互に主張できる環境を整えましょう。

　読者のお子さんがあまり芳しくない成績表を持ってきても、低い点数の教科も一方的に叱ったりしてプレッシャーを与えたりせずに、優しく話し合うのもよいかもしれませんよ。私も高校1年生の化学の成績について……、すみません、気分が悪くなってきたので今回はここまでです。

| I．【勤怠関係】あなたの今月の自己診断結果はいかがでしたか？ | | | 自己採点 | 上司評価 |
|---|---|---|---|---|
| 今月（　　月分）　チェック項目 | | | （氏名：山本ゆうお） | |
| チームプレイ | 他人の仕事に協力していますか | | 3 | 2 |
| 牛追い・牛の扱い | 牛の不調を発見することができますか？ | | 3 | 1 |

図39　自己評価・目標設定シートの例

# 05 評価制度を作ろう②

すでに評価制度の三つのメリットについて述べさせていただきました。ここでは具体的な例に沿いながら評価制度を実践的に説明していきます。表と対比しながら読み進めてください。

## ＊具体的に評価をするための具体的なマニュアル

評価するうえで、具体性は重要です。例えば「培養ができる」という表現はどうですか？ あるいは「フレッシュ牛の病気がわかる」と言われたらどうでしょう？

"できる""わかる"というのは、ある意味で際限がありません。この世のすべての菌を培養・同定する術を持つべきでしょうか？「病気がわかる」だけでは、獣医学の博士課程を修めてもまだ足りないかもしれません。

マニュアルがある場合、それをもれなく遂行することが、"できる"ということです。メイプルファームの培養のマニュアルには、環境菌が混入しないように培地を下に向けることや、具体的な同定の方法などが記されています。それを不足なく完璧に遂行できたとき、その作業を"できる"と言えます。

"わかる"というのも、基本的には該当するマニュアルをすべて理解している、というような状態が望ましいです。マニュアルには方法だけでなく、その原理・原因も併記しましょう。

作業をこなすことができるだけでは、その作業を理解しているとは言えない場合があります。マニュアルに作業の理由や原因を明記し、それがすべて頭に入ったとき、その作業が"わかる"と評価できるはずです。マニュアルは評価するうえでも重要なのです。

## ＊できるかぎり記録を取る

気まぐれで評価してはいけません。「評価を下す前の1週間を振り返って評価する」──これは良くありません。その時期に何か重大なミスを犯した従業員は全体の印象も悪くなりますし、その時期だけ張り切る従業員が出ることでしょう。私なら、そうします。

遅刻や欠席、事故やミスなど具体的に評価につながる件は、報告書を管理するようにしましょう。また、アイディア提案や評価においてプラスに働く良い行ないがあった場合、それを記録できる仕組みがあるほうが望ましいです。

ただ、酪農家の皆さんが多忙を極め、評価をしている時間がないということもよくわかります。思い切って、1カ月間や2カ月間の評価期間を設定し、その時期で判断するという選択肢もあります。

## ＊目標を設定する

評価について従業員と話すとき、それは目標を設定する良い機会になります。現状を評価で把握し、次は具体的に何をすれば良いのかを決めます。すべての能力を上げるという目標ではなく、不得意な部分を克服するために具体的に何をすれば良いのか、あるいは得意分野をいかに伸ばすかを考えます（図40-A）。牧場であれば、例えば人工授精技術を取得する、という目標も良いかもしれません。従業員が作った目標に対して、どうすれば良いのか具体案を示してあげましょう。「『それでも基本は発情を見つけて種を付ける』を読む」、とか「1カ月に何頭練習する」といった提案は、いかがでしょうか？

## ＊褒める

これは評価を渡すときの話なのですが、私はとにかく基本的に好意的に話すように心がけています。こればかりは経営者皆様の方針なので、偉そうなことは言えませんが。

私は「どんなものでも悪い部分と良い部分がある」という信念を持っています。誰にでも必ずある良い部分を褒めて、評価してあげれば、悪い気持ちになる人はほとんどいないはずです。そうすれば克服してほしい部分、改善してほしい部分を伝えても、きっと前向きに捉えてくれるのではないでしょうか。

## ＊過去と比較する

過去と比較しましょう。前回の評価からどう成長したのか、むしろ悪くなってしまったのかを話せば、この期間をどのように過ごしたのかわかります（図40-B）。具体的な目標を立てた場合、どのくらい達成できたのかを評価しましょう。立てた目標が大きすぎたとしても、どのくらい努力したのか、何が足りなかったのかを話し合って今後につなげましょう。

1年に1度だけ評価するとします。従業員の中には「私って全然成長してない

な……」とふさぎ込む人がいるかもしれません。そんなとき、去年との比較を示してあげれば、きっと自信につながると思います。

## ＊第三者の意見を積極的に取り入れる

しつこいようですが、評価制度はワンマン経営につながりかねません。自分の意見だけで評価を作ってしまっては、自分の気に入ったことしかできない多様性を欠いた牧場になってしまいます（それはそれで指示しやすくて良いのかもしれませんが）。

もし牧場に多様性を持たせたい、もしくは経営者の可能性を広げる、自分にはないものを備えた従業員に育ってほしいのであれば、複数の意見を求めるべきです。

世間には労務コンサルタントや、さまざまなアドバイザーがいますので、皆様も良い相談相手を見つけてください。

また、社長である父の意見も反映してあります。客観性を持たせるためにも、できるだけ相談しましょう。

## ＊減点方式にしない

実際は、メイプルファームでも評価制度を始めたばかりです。今後は、間違いなくここに書かれている多くの部分が変わっていくと思います。

しかし私にとって、制度の根幹にあって変えたくないことは、減点方式ではなく良い部分を認めてあげられるものでありたいということです。悪いところを見つけてやろう、という気持ちではなく、良いところを積極的に探しましょう！

私も大雑把すぎる性格や返事が冷たい、感情の起伏が激しすぎるなど、悪い部分が非常に多くありますが、良い部分も少なからずあると信じています。もっと褒めてください。

## 【自己評価・目標設定シート】

(氏名：評価Ｄ され太郎)　Ⓑ

Ⅰ．【勤怠関係】あなたの今月の自己診断結果はいかがでしたか？

| | | 今月（　　月分）　チェック項目 | 自己採点 | 上司評価 | 去年 |
|---|---|---|---|---|---|
| 1 | 愛社精神 | 会社の理念、方向性を理解し、協力できていますか | 3 | 3 | 2 |
| 2 | 挨拶 | 社内外で「明るい挨拶」ができていますか | 2 | 2 | 2 |
| 3 | 返事 | 社内外で、よい返事ができていますか | 2 | 3 | 3 |
| 4 | 報告 | 些細なことでも忘れずに、報告を適時適切に行うことができましたか | 2 | 2 | 2 |
| 5 | 連絡 | 業務がスムーズに進むよう、連絡を適時適切に行うことができましたか | 2 | 3 | 2 |
| 6 | 相談 | 独断を避け、最適な結論を得るための相談を適時適切に行うことができましたか | 1 | 2 | 1 |
| 7 | 新しいアイディア提案 | 自分が初めて経験した出来事や新知識は、みんなに提案しましたか | 3 | 2 | 2 |
| 8 | 既存のアイディア改善 | 業務改善を意識し、新しい知識を共有しています | 2 | 2 | 2 |
| | | 他人の仕事に協力していますか | 2 | 2 | 1 |
| 10 | チームプレイ | 自分の仕事以外のことにも気を配っていますか | 1 | 2 | 2 |
| | | 困っている相手に声をかけたり、手伝いをしたりしていますか | 3 | 2 | 1 |
| 12 | 職場環境管理 | 作業した場所のゴミ、綿花などを拾っていますか | 2 | 2 | 1 |
| 13 | 提出期限 | 提出物の期限は守れていますか | 1 | 2 | 2 |
| 15 | その他 | 職場では笑顔も心掛けていますか | ３ | 2 | 1 |

Ⅱ．【技術関係】あなたの自己診断結果はいかがでしたか？

| | | 今月（　　月分）　チェック項目 | 自己採点 | 上司評価 | 去年 |
|---|---|---|---|---|---|
| | 搾乳 | 1：搾乳作業が一通り出来る<br>2：衛生的で丁寧な搾乳が出来る<br>3：搾乳品質の改善提案、研修生の指導が出来る | 2 | 2 | 2 |
| | 牛追い・牛の扱い | 1：ルールを守った牛追いが出来る<br>2：牛のコンフォートゾーンを意識した、優しい牛追いができる<br>3：他者の牛追いを改善し、牧場全体の牛追いのレベルアップが出来る | 2 | 2 | 2 |
| Ⅰ | 乳房炎培養 | 1：培養ができる<br>2：培養を指導する事が出来る<br>3：乳房炎菌の特性と予防を理解している | 2 | 2 | 1 |
| | フレッシュ管理 | 1：フレッシュ管理の一通りの作業ができる<br>2：フレッシュの報告がうまくできる<br>3：フレッシュの病気をすべて理解し、病気を見落とさない | 2 | 3 | 2 |
| | 分娩牛取り扱い | 1：分娩予定牛の観察をし、分娩兆候がわかる<br>2：分娩牽引準備、子牛の処置、連絡ができる<br>3：基本的分娩牽引ができる、難産牛の対応ができる | 2 | 2 | 2 |
| | 種付け | 1：種付けができる<br>2：受胎数と受胎率が上位グループと同じ<br>3：受胎率を把握し、受胎率向上の提案ができる | 2 | 2 | 1 |

・上司評価結果

| |
|---|
| いつも笑顔で職場を明るくしてくれます。元気のない後輩にも気遣って声かけをする姿は素晴らしいです。 |
| 牛にも優しく、丁寧な扱いができています。 |
| 反面、そそっかしいところが有るので来年度はもう少し落ち着いて行動しましょう。 |

今年の目標：削蹄を覚える。小さいミスを減らす。

削蹄を覚えてメイプルファームの蹄病減少に貢献する。　← Ⓐ
跛行牛を誰よりも見つける。

小さいミスを減らすために、ミスを行なった場合は、自分で原因を考え、対策を毎回提出する。

図40　自己評価・目標設定シート

143

## 06 ミスを フィードバックしよう

### ＊失敗を繰り返さないこと

　ここでは、メイプルファームの反省の仕方について紹介したいと思います。メイプルファームではミスや事故、遅刻や欠勤を起こしたとき、必ず反省のレポートを提出する決まりになっています。反省レポートにおいて大切なポイントは以下の三つです。

①再び同じミスを起こさないことを最優先に考えること
②感情と切り離して解決案を考えること
③チームを意識すること。

　事故やミスをすると嫌な気持ちになりますよね。気持ちがふさぎ込んで、後悔と恥辱を感じることでしょう。そこで追いうちのように反省文を書かされます。そしてミスを犯した従業員は、こう書くことでしょう。
　「私はミスを犯してしまいました。今後二度と起こさないように気をつけます」
——これって、はたして意味があるのでしょうか？　嫌な気持ちも、休日に旅行に出かけ、おいしいものを食べてお酒を飲んだら、いつの間にかなくなっています。
　その人がまじめで、その後同じミスを繰り返さなかったとしても、数年後、後輩が同じ轍を踏むかもしれません。すでに結論は述べましたが、とにかく重要なのは繰り返さないこと。落ち込むことが最重要ではないのです。
　責任感のある人間は落ち込みます。その落ち込んだ気持ちを、どう改善すればいいのか、考えるエネルギーにしましょう。なかには打ちのめされて落ち込んだ顔が見たいだけの、サディスティックな上司がいるかもしれません。そこはとりあえず辛そうな素振りをみせて、やり過ごしましょう。その後、ほとぼりが冷めた頃に改善案を持っていけば、あなたの評価はうなぎのぼりです。うなぎをおごってもらえるかもしれませんよ！

### ＊マニュアルの有無で大きく変わる

　では実際に説明していきましょう。メイプルファームには勤怠報告書と、事故報告書、ミス報告書の三つがあります。実際に図41を見てください。事故、ミス報告書に「マニュアルは存在したか？」という文言があります。これがあるのとないのとでは、大きく改善案が変わっていきます。

マニュアルが存在しないとすれば、こんなに幸運なことはありません。今まで
そのミスが起こる可能性に気がつきませんでしたが、今後はそのミスの対策を取
ることができるからです。

マニュアルは、基本的にミスをした人に作ってもらいます。落ち込んで責任を
強く感じている間にマニュアルを真剣に作ります。そこで重要になるのが二つ目
のポイント、「感情と切り離して考えること」です。反省しているときは、自分が
責任を負いたくなるものです。以下のようなことがありました。

「数十個あるうちの一つのミルカーが故障で乳量を測定しておらず、それに気が
つかずに1週間放置されてしまった」

これ、良くないですよね。しっかりと乳量を観察していない証拠です。そこで報
告書と改善案を提出してもらったのですが、その改善案が「搾乳ごとに責任者が
故障をチェックする」というものでした。この提案自体はまったく悪くないです
し、しっかりと反省してくれている証拠でもあるのですが、私はこれを採用しま
せんでした。乳量エラーという滅多に起こらないことに対して、毎回点検すると
そのうち面倒になり次第に実行しなくなるだろう、と考えたからです。よくよく
話を聞いてみると、搾乳者全員がエラーに注目する、という提案も用意してあっ
たのですが、自分のミスを他人にやらせるというのは気が引ける、とのことで遠
慮したようです。その心意気は大変立派ですが、継続できなければ意味がありま
せん。

「チームを意識して考えること」という三つ目のポイントのとおり、ミスをなく
すために搾乳者全員でエラーを起こさないよう分担することは、決して責任転嫁
ではありません。結果的に、既存の搾乳マニュアルの「ポストディップをする」
という項目に、「ディップ時に乳量エラーに注目する」という文言を追記しました。
また、エラーが実際に起こったときの対処マニュアルも用意されていなかったの
で、そちらも新しく作ってもらいました。

## ＊ "歴史"から学ぶ

事故を起こしたときも同様です。まず、マニュアルが存在するかを記します。マ
ニュアルを守れなかった場合はマニュアル自体に問題がないか、なぜ守れなかっ
たのかも考えてもらいます。遅刻の報告書に関しても、ただ反省するだけではな
く、原因を突き止め、再度起こさない具体案を出してもらいます。

「愚者は経験に学ぶ、賢者は歴史に学ぶ」という言葉があります。少し大げさで

145

すが、スケールは違えども、これは歴史から学ぶ、ということです。この報告書はすべて保管し、未来の従業員達にも読んでもらいます。メイプルファームで実際に起こったことは再び起こり得る可能性が高いのです。この報告書自体が、同じミスを防止する力を持っています。自分が経験したこと以外から学べば、それだけ知識は深まります。そしてこの仕組みは個人の責任を問う意図はまったくないので、報告書の名前は抜きで閲覧できるようにします。

　家族間でもこれは役立つやり方だと思います。パートナーや親子で、どちらかがミスを起こした場合、ついつい感情的になってしまうと思いますが、冷静に客観的に、なぜミスが起きたのか、次起こさないためにはどうすれば良いのか、まず紙に書いてみると良いと思います。

| 作業ミス・治療ミス報告書 | |
|---|---|
| 報告日：2017 年 8 月　26 日 | |
| 内容 | チェーンの付け忘れで牛を逃がしてしまった |
| 牛番号 | 1194　1440 |
| 発生日時 | 2017 年 8 月 26 日 15 時頃 |

発生場所・状況（何がどのようになった等）

C 棟の牛入れの際、チェーンを止めずに牛を出した。
ゲートが開き、牛が他の群に 2 頭紛れてしまった。

作業マニュアルは存在したか？守れなかった理由。及びマニュアルのポイント
マニュアルが無い場合は事故が起こった原因

牛入れマニュアルに要注意事項として載っている。
牛の動線は一本道にすることが強調されている。

搾乳中に落雷があり、その対応に追われていて気持ちが焦ってしまった。
普段起きないような突発的なハプニングがあると、ミスが起こりやすいことを意識するべきだった。

今後の防止対策・マニュアルの作成、改訂案

マニュアルにすでに存在する事項が守れなかったため、まずはよく読み返したい。

また、トラブルが起きた時、仕事が遅れている時こそ、むしろゆっくりと仕事を行うことをこれからも意識していきたい。

| ↓読んだ人は名前を記入 | |
|---|---|
| 山岡 | |
| 栗田 | |
| 海原 | |
| 富井 | |

図 40　自己評価・目標設定シート

## 07 なぜやるのか？ を大切に

### ＊ PDCA で一番重要なのは「P」

皆さんは「PDCA」という言葉を聞いたことはありますか？ 計画（PLAN）を立て、実行（DO）をし、プロジェクトの評価（CHECK）をいったんしたら、それをもとにさらに改善（ACTION）を行なう。

PDCA は生産管理や組織運営の基礎的な概念で、経営学部の一回生だった私が初めに教わったのも PDCA だったように思います。ただやみくもに何かを始めるよりも、しっかりと計画を立てるだけで目標達成の可能性はずっと上がる気がしませんか？ それはふと思い立ってダイエットを始めようと思っても、2 日もするといつものようにお菓子を食べてしまうあの現象からもわかりますよね。

なぜ、牧場で改善や新規の取り組みが継続して行なわれないのでしょうか。それは PLAN がなく、DO（実行）しかないからです。では、DO しかない牧場とはどんな牧場でしょうか。

例えば、飼料メーカーさんに添加剤を勧められて、何となく良さそうだからとりあえず使ってみたり、展示会でかっこいい機器があったので買ってきて、「これ良さそうだから使ってみろ」と従業員に渡したりと、とにかく突然画期的なアイディアを思いついて、とりあえずやってみたりする。数カ月後、新しい機器は埃をかぶり、添加剤は始めたことすら忘れ去られ、なぜやっているのか効果の検証もされないままに惰性的に給与され続ける——このようなケースです。

実行することや、新しくモノや技術を取り入れることはとても良いことです。しかし、導入したものがどんなに良いものでも、計画を立てずにやみくもに取り組み始め、形骸化してしまってはもったいないですよね。

### ＊可能なかぎりデータを用意しよう

では、実際にメイプルファームのケースに当てはめて考えていきましょう。

メイプルファームでは、「死産を減らそう」というプロジェクトを 2017 年 9 月から始めました。そのきっかけはさまざまですが、一つは本誌に掲載されていた NOSAI 宮崎・島本正平先生の記事があります。島本先生の連載「子牛蘇生の ABCDE」では、子牛の蘇生に関する技術が紹介されており、それを読んだ従業員が、「従業員全員が子牛の蘇生に対して知識を持っていたほうがよいのでは？」と提案してくれました。また、コンサルタントのあかばね動物クリニック・鈴木

保宣獣医師からメイプルファームの死産率を質問された際、「ざっと計算したところ10％以上ありそうです」と答えたところ、「それは少し多いのではないか？」との回答をいただきました。

　昨今肉牛相場が高騰しており、死産における利益損失のインパクトが大きくなってきたことは日々感じていました。そのような複数の要因が重なり、「死産について本格的に取り組もう」と牧場長である私から皆に提案しました。

　週に一度の全員ミーティングで、あえて私と獣医師は参加せず、従業員だけで自由に死産について話し合ってもらうことにしました（図42）。従業員はミーティングに向けて事前にさまざまなデータを用意してくれました。ここが一つ目のポイントです。漠然と話すのではなく、データに沿って話し合いを行なうことが重要です。死産の頭数はもちろん、どんな牛が死産を起こしているのか、雌雄の割合や産次など、できるかぎりデータを事前に用意してもらいました。

　そして全員が事前に、死産をどのように減らすのかアイデアを用意してミーティングに臨んでもらいました。どれだけ多くのアイデアを用意しておくかが、充実したミーティングを行なうための鍵です。何の準備もせずにミーティングを行

○子牛の死産を減らしたい！
死産を減らすことは母牛への負担軽減に繋がる。
また今後ホルスタインを育成する上で、子牛の頭数増加は搾乳牛の頭数増加に繋がる。

子牛の死産は私達を悲しい気持ちにさせる。1頭でも多く元気に生まれてほしい。また子牛の一生を左右することになる。命を救うという意味で大きな価値がある。

子牛の死産率減少を目標とした新プロジェクトを開始する。

必要な情報として
①現状の把握（分娩に対して死産がどれだけいるか）
②死産の定義・原因
③死産を減らすためのアイディア

次回のミーティングで話し合うため、
1人（最低1個）なるべく多く、様々な角度からアイディアを考えてくる。

図42　死産を減らそうプロジェクトのために従業員が提出した意見の例

なうと、ただの報告会になってしまい議論は生まれません。

　ミーティングでは死産が全国平均で8%程度だということ、メイプルファームの死産率が12%で平均よりもかなり高いということ、足が悪い牛が死産になりやすいこと、などの意見が出ました。計画には現状把握が欠かせません。漠然と良くしようとするのではなく、まず己を知ることによって、問題が浮き彫りになります。

　結果的に死産を全国平均の8%まで減少させることが決まりました。44頭から14頭減らして、年間30頭を目指します。

## ＊計画立てに必要な三つのポイント

150

　従業員全員で自主的にデータを調べ、いかに問題が深刻か自覚し、アイデアを話し合うことによって、「なぜ」このプロジェクトに取り組むのか、動機が強固になりました。

　PDCAのうち「P（PLAN）」が重要だとは先に述べたとおりです。そして計画とは5W1H（いつ、どこで、誰が、何を、なぜ、どのように行なうのか）を決めること、と言い換えることができます。

　このなかで、そしてこの記事で一番重要なポイントが「なぜやるのか？」です。これがなければ、プロジェクトは決してうまくいきません。牧場長や社長、お父さん1人だけが思っていてもよくありません。全員が同じ気持ちになっていないといけません。

　従業員の意見に、死産の子牛を見ると1日憂鬱な気持ちになるというものがありました。皆牛が好きで牧場にいるので、その気持ちは同じでした。プロジェクトにどういう気持ちで、どのような感情で取り組むのか共有できれば、きっと達成できると信じています。

　多くのことを述べたので重要な三つのポイントを整理します。①プロジェクトを始めるためには計画をしっかり立てること、②計画にはデータを揃えること、③「なぜやるのか」を明確にすること。

　いかがですか？　理由・動機を明確にし、共有することが重要だとわかっていただけましたか？
私がダイエットする理由は明確です。それは年末年始に無軌道に食事をするためです。大好きなラーメンやカレーを食べるために今日も走ります。

## 08 プロジェクトの進め方

### ＊5W1H を明確に

プロジェクトを始めるのに一番重要なのは、「なぜやるか？」を明確にし、共有することだと述べました。

今回は、「なぜ？」以外の部分を紹介していきたいと思います。

プロジェクトを始める際に重要なことは、5W1H をしっかりと明示してプランを立てることです。

5W1H とは、「WHY（何のために）」「HOW（どうやって）」「WHO（誰が）」「WHAT（何を）」「WHEN（いつ・いつまで）」「WHERE（どこで）」やるのか？ということです。最初に、この 5W1H を決めます。先月号の「死産を減らそうプロジェクト」に当てはめて、死産をどうやって減らすか、どのように計画を立てたかを紹介します。

### ＊骨子を作る

まず、"どうやって"死産を減らすのか、その大まかな方針を決めます。

「死産を減らそうプロジェクト」のミーティングで、従業員がたくさんのアイディアを出してくれました。そのなかから、多くの従業員が共通して提案した「観察を増やす」という方針が決まりました（← HOW）。

今回のプロジェクトに関しては、私が主導で進めることになりました（← WHO）。

そして、観察を増やすという方針のために、分娩管理ソフト「牛温恵」を使う、という案が複数の従業員から出ました。これは腟にセンサーを入れ、一次破水が起こるとメールが届くシステムです。1 カ月のトライアルがあるので、実際に使用してみることにしました（← WHAT）。

ミーティングで、来週中にトライアルを申し込んで、届き次第始めることに決まりました（← WHEN）。

実施場所は、乾乳牛舎です（← WHERE）。

プロジェクトを始める際に、とくに気をつけたいのが、「WHEN（いつ）」です。慣れてしまえば当たり前になるのですが、始めのうちは、ここが管理できずにプロジェクトが失敗に終わるということがよく起こると思います。

つまり、話し合っただけで満足してしまうのです。さらに、「いつまでに始めるのか」「いつまでやるのか」を決めることも本当に大切です。いつまでに始めるか

を決めれば、プロジェクトが始まらずに頓挫することを防げます。

## ＊期限を決める

　従業員には「締め切りのない仕事は存在しない」と、口を酸っぱくして言っています。例えば、皆さんもこんな経験ありませんか。お酒の席で何か盛り上がって、「遠くへ旅行に行こう！」となったけれど、結局行かなかった、といったことです。そのとき、「今年の８月までに」と皆で決めて、カレンダーに入力していれば、違った結果になっていたのではないでしょうか？

　このように、暫定的でもよいので、始める期限を作ります。守れなかったとしても、その期限を契機に、再度いつまでに始めるか話し合うことができます。

　そして WHEN のもう一つの意味、「いつまでにやるか」、は今回の「プロジェクトを始める」に主眼を置いた記事とは直接の関係はありませんが、PDCA のチェックにおいて重要です。

　取り組み始めた直後は集中していますが、面倒なことはいつまでも続きません。成果が見えなければ意味を見出せなくなりますよね。１カ月後、牛温恵の試験期間を終え、死産の減少率を調べたら死産率を３％減少させることができました。

　そのため、この「死産を減らそうプロジェクト」は１年間という区切りを設け、年間の死産率を４％下げることを目標にしました。今回このプロジェクトを始めて良かったことは、今まで死産のことを問題と思っていなかった、認識を改めることができたことだと思っています。

　牛恩恵を抜きにしても、観察する機会と意識を向上することができました。

　皆さんもミーティングを行ない、議事録を作ることがあると思います。そこで、「いつまでに始める」と期限が書いてあるか、今一度チェックしてください。

## 09 初版発刊からこれまで

### ＊部門別のミーティング

　当該の本には、ミーティングを行う事が大切だと、書かれています。週に1度、必ず全員で集まってその時抱えている問題、課題について話し合っていました。

　当時と大きく変わったのは、疾病やなど、それぞれの部門ごとにミーティングを行う形に変えた点です。

　全員で集まり、全員で話し台うミーティングはメリットもたくさんあります。実際今でもメイプルファームでは月に一度は全員で集まります。しかし、人数が増えるほど発言する機会が失われる、責任が分散してしまう、といったデメリットがあるのも事実です。

　そこでメイプルファームでは細かくいくつかの部門を設定し、その部門のリーダーが中心となって、一部のメンバーでミーティングを行なうように移行していきました。

　現在では、「乳房炎」「蹄病」「繁殖」「哺乳」「分娩・死産」「エサ」「牧場全般改善」、これだけの部門に分かれています。十数名しか従業員がいないので1回のミーティングは3人程度のことが多いです。それぞれに責任者がついていて、課題の設定や、プロジェクトの進行管理などを行なっています。

### ＊より高度に、より専門的に

　このような形式へは従業員の成長とともに移行していきました。かつてのメイプルファームは法人形態になってからまだ日も浅く、若い従業員ばかりでした。それでも比較的経験のある私がリーダーとしてミーティングをまとめてきました。

　今では5年目以上が複数在籍し、知識と経験を積んだ従業員も増え、リーダーの責任を任せることができるようになったのです。

　それぞれの部門毎、月に一度は成績を集計し、レポートとしてまとめます。そこで新たな課題が見つかればそれに向けて動き出します。

　例えば死産ミーティングでは一部の受精卵移植牛に死産が多いという事が集計でわかり、その対策を行なって死産を減らしました。

　蹄病ミーティングでは蹄底潰瘍が増加したので、牧場全体がアシドーシス傾向にあるのではないかと疑い、対策をしました。

　乳房炎ミーティングはエムズデーリィラボの検査結果を活用し、バルク乳の大腸菌を減らすことを目標に清拭の見直し、敷料の見直し、ミルカー洗浄の見直し

などを、半年以上続けました。

　哺乳ミーティングでは新たな添加剤や、飼養方法の工夫について話し合いを続けています。

　このように、以前のような全員ミーティングだと一度では話しきれないような専門的な内容も、部門を分けることによって確実に行なえるようになりました。

## ＊意思決定方法のルール

　一方で、これまでのように全員で集まって、承認を得て、それから実行。ということができなくなりました。そこで私達は、意思決定のルールを作りました（図43）。

　このルールはリスクもあります。全員の合意を得ないままでは、トップダウンになりかねません。図にあるように、実行後に不具合があれば牧場の従業員全員でおかしいと言える雰囲気、改善し続ける社風でないとできないと思います。

　そのためにも、実行と検証日の設定は必ずセットにしなければなりません。

　今回紹介した内容は、いわば中級編と言える内容で、「ミーティングをしたことがない」「これからやっていく」という牧場は、まずはなるべく多くのメンバーでミーティングをするほうが良いと思います。「ミーティングもマンネリ化してきたな」「牧場長の報告会になりつつある」と思ってきたとしたら、ここで示したような方法を試す価値があるかもしれません。

　メイプルファームでも、3年もあれば運営は次々と変化していきます。今回紹介の内容もおそらく変わっていくことでしょう。しかし重要なことは、細かい運営方法ではありません。皆で話し合って、協力して仕事をしていくことを楽しいと思えるかどうか、だと思います。

　最近、とある県の優秀な個人経営の酪農家さんと話をする機会がありました。彼の牧場には従業員はいませんが、飼料メーカー、獣医師、農業改良普及員、牧場に関わる人皆と、チームを組んでプロジェクトに取り組んでいると聞き、非常に心を打たれました。規模の大小に関わらず、共感できる経営者の方はたくさんいるのだと思い勇気が出ました。

　私達を支えてくれている業者の方々は、それぞれ得意な分野を持つ、スペシャリスト達です。まずはプロジェクトを立ち上げて（例えば、大腸菌乳房炎撲滅大作戦とか）、そのためのミーティングを企画してみるなんていかがでしょうか？

## 提案・決定のルール

| 場長 |
|---|
| 朝主任 |
| 部門責任者最低1人 |
| 獣医師(獣医学が必要な場合) |

提案をする時は出来る限り全員を集める。
最少人数は2人。

参加者全員が合意した場合マニュアルを作る。
LINEWORKSレポートで周知。

新しい試みは、検証・検討日を設定する。
LINEWORKSカレンダーにあらかじめ記入。

### 重要なポイント

決定した後でも
反論、反証する心構え。

改善提案、改良提案をし
開始後の行動を重要視する

提案は小さいものでもすべて提案トークグループに発言する。

図 43　意思決定のルール

## 10 月に一度のチャンス、逃すべからず

　皆さん、Dairy Japan（以下、DJ）をきちんと読んでいますか？　私が言うのも非常に偉そうな話ですが、DJ はとても良い雑誌です。実体験を伴った現場の声から、研究者の最新学術データまで幅広く、入門書であり専門書でもあります。

　ここまで十分賞賛を重ねたので、そろそろ確信に迫りますが、この世には DJ の購読だけをして、まったく読まない方が、少なからずいます。

　メイプルファームでも、事務所に置いた DJ が毎月綺麗に折り目の付かないまま、空しく積み重なっていく日々がありました。一度読まずに溜まってしまうと、読むことを再開するのはとても困難ですよね。私もこの春リバウンドした体重を、再び減らす勇気がまだありません。

　知識を高めることができる、月に一度のチャンスを逃すのは、もったいないですよね。今回は、従業員に DJ を読んでもらうためのアイデアを紹介したいと思います。

### ＊読書習慣をつけよう

　メイプルファームでは、
・当番制で毎月 2 名、雑誌内の自分が興味を持った記事について感想を発表してもらう
・最低限その記事だけは必ず全員読む
　この二つのルールを作りました（図 44）。

　私自身にとっても、DJ には専門的で難解な記事があります。そういう記事を目にすると、読むことが億劫になってしまい、結局 1 頁も読まずに終わってしまうのです。

　まずは自分の興味のある記事だけ読んでくれれば良いと皆に強調しました。総合誌なので、必ず自分に合った記事があります。読書習慣の入口として、まずは興味がある記事を探すことから始めます。無理して全文読む必要はないんだと思えば、気持ちが楽になります。

　悪い例として、はじめに経営者やリーダーが重要だと思うポイントをすべてあげてしまい、それを読むように促すことです。重要だと思うポイントは、人によってさまざまです。視点を固定することは多様性を失うばかりか、読書のモチベーションも下げると思います。

　従業員が自分で選んで紹介することで、「一緒に働く仲間がせっかく紹介した記

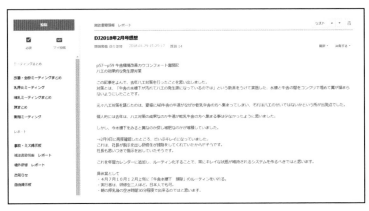

図44

事なのだから読んであげなきゃ」という気持ちになりませんか？ それも狙いの一
つではあります。苦痛にならない頻度の義務によって、やがて習慣づいていけば
良いと思います。知識が増えれば、いずれ難しい記事も読めるようになるでしょ
う。
　個人経営の方で、もし読まずに放置してしまっている方がいましたら、まずは
全部読もうと思わずに、できるだけ読みやすくて関心のある記事を見つけてくだ
さい。そしてその記事の感想を、奥さんやお父さん、息子さん、娘さんに教えて
あげてください。もちろん、交代で感想を言い合うのも良いでしょう。

## ✳自分の牧場を意識しよう

では、ここからは従業員の実際の感想を転記して紹介したいと思います。

---

**【DJ2018年3月号p.51〜「抗菌剤の各論」】**

　島本正平先生の連載で、2月号に引き続き抗菌剤の特徴が詳しく、わかりやすく解説されています。そのなかで僕が印象的だったのは、「抗菌剤は併用することで高い効果を得られるものもあれば、治療効果が落ちるものもある」ということでした。

　先日、重度肺炎で廃用まで検討した牛がいましたが、獣医の先生がバイトリルとホスミシンを組み合わせて投与したところ、回復が見られました。この二つは併用することで高い効果が期待できる、とのことでした。

　このあたりはかなり難しく、専門的な知識が必要です。薬品の選択や使用方法は獣医師に委ねるかと思います。しかし、こういったことを知識として残しておくことも重要かと思いました。

　メイプルファームのマニュアルの中には、使用する薬品に関する効果や用法用量を解説したものがあります。そのマニュアルをもっと充実させられるのではないかと思いました。薬品や病気の知識を得て、理解することで見方が変わり、今以上に病気の早期発見や適切な処置につなげられればと思い、この記事の感想を書かせていただきました。

　上記感想を従業員に紹介し、従業員はこの記事に関しては必ず読むようにしています。なるべく自分達の牧場の状況に合わせた感想になること、牧場に何かしら影響を及ぼす提案になることを、意識してもらっています。

---

図45　Dairy Japanを読んだ従業員の感想

# Chapter.5

農場の
信条を掲げる
クレドを作ろう

昨今酪農業界に限らず人材不足はどの業界でも叫ばれています。私が全国へ講演会や視察に行くと、皆口を揃えて「人手が足りない」「人が辞めてしまう」と言います。考えられる主な原因に労働人口の減少があります。若い人材が日本から減りつつあることは直視せざるを得ない切実な現実です。しかし本当に酪農業界に人は足りていないのでしょうか？人手不足は、実はアピール不足なのではないか？或いは離職率の高さも組織力不足なのかもしれません。

Chapter,5 では、それら問題のヒントになればという思いで書きました。

## ＊クレドって何？

皆さんは「クレド」と言う言葉を聞いたことはありますか？ あまりなじみ深い言葉ではありませんよね。教科書的な意味を言うと、ラテン語で「信条」を意味し、企業の価値観や企業風土を言葉にしたものです。製薬会社のジョンソン・エンド・ジョンソン社がかつて大きな問題に直面した際に、クレドのおかげで乗り越えたということで広く知られるようになりました。

御託を並べてもしかたがないので、私なりにざっくりと解釈したクレドの意味を紹介します。それは、「会社のみんなが、大切にしていること」です。

## ＊クレドの三つのメリット

私が考えるクレドのメリットは、次の三つです。

①不測の事態、予想外の出来事に従業員が主体的に対応できる
②人数が増えても企業体としての価値観を保持できる
③社外に向けて企業の価値観をアピールできる

まずは一つ目のメリットから話していきましょう。前述したジョンソン・エンド・ジョンソン社は、社会的に重大で深刻な問題に直面したとき、クレドのおかげで従業員が一丸となり、マニュアルを超えてそれぞれ最善と思える行動をとったといいます。おかげで被害を最小限に食い止めることができたそうです。

私は本書の中で繰り返し、「マニュアルが重要」と説いてきました。しかしマニュアルにも限界があります。未来に起こるすべての事象を予測し、マニュアルを作ることは不可能です。そのとき、クレドがあればそれが行動指針となり、組織全体が混乱することなく正しい行動がとれるとでしょう。

二つの目の、価値観の保持ですが、これがまさに私がメイプルファームにクレドを取り入れようと思ったきっかけです。私達はこれから規模拡大を計画しています。今現在、意識が高く、心が通じ合っている従業員に新たにどんどん新規の従業員が加わることで、私達が今大切にしていることが薄まってしまうことを恐れました。

　人が増えるほどに伝言ゲームは困難になっていきます。人から人へ思いが伝わるごとにそれは曲解され、誤解をはらみ、意訳されて元の意味を失っていくのです。どうすればよいのでしょうか？　答えは簡単です。目に見える形にしておけばよいのです。時が経ち、初心を忘れそうになってもクレドを見返せば、大切なことを守る気持ちが蘇ってくるでしょう。

　三つ目のメリットですが、クレドは採用活動にも役立ちます。学生や中途採用の志望者に対してクレド（あるいはクレドを基に作った何かを）を見せれば、牧場の価値観に共感した人を採用することができます。販売活動を行なっている牧場であれば、それを消費者の方々にも伝えることもできます。

# ＊クレド作り

作り始める前に重要なポイントを述べておきましょう。

・トップダウン運営の脱却

・牧場の価値創造 ( ブランディング )

・社会的責任の追及

　なかなか難しいことばかりですね。私も自分の口から出た言葉とは思えません。この内容ははっきり言って上級編だと思います（あくまで本書の前段部分と比べてのことです）。巷にはたくさんのクレド作りに関する書籍があり、私も何冊も読みました。クレドは法律で定められたものではないので、どのように作ってもよいと思います。しかしどの書籍でも大抵共通していることが、「ボトムアップであること」「社会的責任の追及に関すること」です。

　経営理念が経営者やリーダーが組織を引っ張るトップダウンなのに対して、クレドは従業員全員が共有している意識をボトムアップで吸い上げることが重要と言われています。それはつまり、トップダウンで作ったとしても、いざというときに従業員に浸透していなければ使い物にならないからだと思います。

　クレド作りは、本書で話してきた労務管理の集大成とも言えるものです。ブランディングと言えば大げさですが、要するにクレドに記せるような牧場の長所がなければ、そもそもクレド作りになりません。「うちの牧場には良い所なんてないよ」と自虐的にならないでください。牧場は存在するだけで善の存在です。良いところをあなたが気付いていない、もしくは言葉にできていないだけです。牛に優しかったり、子牛の育成が優れていたり、ごはんがおいしかったり、社長が優しかったり。とにかく必ず良い部分はあります。もしそれが今は口に出せるほど大きなものではないとしたら、これから大切に育てていきましょう。そして、そのうえでクレド作りに取り組んでいきましょう。

　そして社会的責任の追及です。戦後のように荒廃した日本を復興し、人口増加に伴い成長しているときは、自分の成長だけを考えることは確かに正しい部分が多かったかもしれません。しかしやがて社会が成熟してくるほどに、独りよがりの利己的な存在は、やがてその原動力を失い衰退していく運命にあると耳にしたことがあります。自分の牧場の成長を一番に考えることは企業として当然のこと

です。同時に利他的に、自分の牧場が社会にとってどのような良い影響を及ぼすのかも考えなければいけません。それは長く牧場を継続していくために重要なのです。自己の利益ばかりを追い求め続けていても、際限のないその欲求は満たされることなく、やがて疲弊していきます。一方で他者の利益を考えることはある意味際限がありません。他者はほとんど無限に存在するからです。

　メイプルファームのクレドには、「発信することで酪農業界のレベルを引き上げよう」と記述してあります。また、メイプルファームが存在することによって、牧草地帯である朝霧高原の景観が守られるとも書かれています。

　従業員、そして経営者全員が、社会の一員として活躍していると思えることで、仕事にもやりがいが生まれてくるのではないでしょうか？

## ＊従業員とのコミュニケーションにもつながる

　クレド作りに関して一から完成まで説明すると、一冊の本が書けるほどの内容になってしまいます。この項で紹介する内容は、あくまでクレド作りのきっかけになれば幸いです。

　メイプルファームではまず、クレド作りの重要性を私が全員に説明しました。そして本や他企業のクレドを見てもらい、イメージを持ってもらいました。その後全員で集まり、どのような質問を全員に投げかければクレド作りに繋がるか、話し合いました。その結果、いくつかの質問が出来上がり、それを私たちが利用しているツール「LINE WORKS」のアンケート機能を使いそれぞれに考えてもらいました。

　例えば、「メイプルファームが存在すると酪農業界にとってどんな良いことがありますか？」や、「牧場にいて楽しいと思える瞬間、悲しい瞬間はいつですか？」などです（図45）。

　経営者が「これがクレドだ！明日からよろしくな！」と言って手渡しても意味がありません。全員で考えましょう。トップダウンではクレドは作れない、そう思わされたエピソードを紹介します。「牧場にいて幸せな時はいつですか？」という質問に、私も答えました。私の回答は「議論が盛り上がっているとき」でした。しかし、従業員の多くが「牛が健康なとき」と答えたのです。私は大切なことを忘れている気がしました。議論が盛り上がることも重要です。しかし、それはある意味でリーダーとしてのエゴかもしれません。一番重要なのは、牛が健康でいること、それを従業員から教えられました。

　そうして出来上がったのが、メイプルファームのクレドの「牛本位でいこう」の部分です（図46）。私はこの部分がとても気に入っています。

　このように、従業員全員で納得のいくクレドを作ってください。労務管理に深刻な問題を抱えたままクレドを作るのは難しいかもしれません。しかし経営者であるあなたに牧場を良くしたい、という気持ちがあるのであれば、むしろこのクレド作りをきっかけに、この牧場をいかに成長させたいか従業員と話し合う機会

* ・メイプルファームが存在すると、酪農業界にどんないいことがありますか？ (14)

良質な生乳を提供できる

リーダー的存在が効率的な経営方法を示してくれる。酪農業界のイメージアップにつながる

新しい技術や商品をせっきょ積極的に取り入れ実験する為、企業の人達の改善の役に立つことができ

・メイプルファームが存在すると、朝霧高原にどんないいことがありますか？ (14)

経済的な波及効果、雇用の促進

景観が守られる。コンプライアンス順守企業が地域を支える。

乳出荷というかたという形で、地域に貢献できる。

* チームがピンチの時に、どんな風に切り抜けますか？ (14)

業界外の事例を積極的に取り入れる

原因を論理的に分析して、論理的な結論を導き出す

図45　クレド作成のための質問

になるかもしれません。

　私がクレドに初めて接したのは日本全薬工業さんの講演がきっかけです。日本全薬さんにも素晴らしいクレドがあります。探してみると、さまざまな企業のクレドがあるので、皆様もインターネットなので検索してみてください。

　冒頭で人材不足が深刻だと述べました。しかし私は次のように考えます。「酪農ほど素晴らしく魅力にあふれた仕事はない」と。酪農はほかのどの産業にもない、かけがえのない仕事だと思っています。それはきっと皆さんが一番よくわかっていることだと思います。そしてその魅力は若い人々にも必ず伝わっているはずです。そう、酪農業界の志望者は一定数以上居続けるのです。

　あとはその若い、あるいは新たに酪農業界に魅了された人々を受け入れる体制作り、そしてアピールをするだけです。

図46　完成したメイプルファームのクレド

166

# Chapter.6

## 皆さんの
## ギモンに答えます！

この項では、前著の出版や講演会を通じて皆様からいただいた質問に答えていきたいと思います。

## Q：大規模農場の話ばかりで
##   個人農家の私には実現できそうにありません

A：こうしたご意見は、本当によく言われます。このように思われてしまう最大の要因は、私の筆力不足にほかなりません。名著というのは時代も世代も地域も越え、普遍性を帯びています。私の実力が及ばず慙愧に堪えません。

ただ、本書でも紹介しましたが、神奈川県で乳製品販売も行なっている個人酪農家さんは、業者の方、外部のスペシャリストの方々とチームを組んでいます。そこで必要とされるのは本書にも書かれているような労務管理の考え方です。

本書を読まれている若い方が、ご両親を説得できず、悔しい思いをする姿は想像に難くありません。あるいは、酪農にあまり熱心でないお子さんをお持ちのご夫婦が、どうすればやる気を引き出せるのか手をこまねいているかもしれません。ご両親、ご子息のことは一旦隅に置いて、まずはあなた自身が協力的な外部の方々と、マニュアル作りやPDCA管理を始めてみてはいかがでしょうか？　それがきっかけで家族も巻き込めるかもしれません。

## Q：丸山さんは経営学をどこで勉強しているのですか？

A：これは本当に頻繁に聞かれ、そして困る質問です。そこまで高尚なことを話しているつもりではないのですが。しいて言えば大学では経営学部で学びました。そして現在まで、各種経営セミナーに二桁回数参加しました。そういう意味では両親、社長に感謝しなければなりません。

そして私は統計学的にいえば、読書量は比較的に多いほうです。一番影響を受けたビジネス本はロナルド・A・ハイフェッツ他共著『最難関のリーダーシップ』です。

とはいえ、個人的には小説を読むのが好きです。小説を読むことで情緒や想像力を育み、他人の気持ちをおもんぱかることができると信じています。別に小説でなくても映画でも漫画でもいいと思いますが……。

そうした環境で得たことの一つが、「相手が嫌がることをしない」です。私は、これこそ労務管理の出発点なのではないかと思っています。

ちなみ私はいろいろなジャンルの小説を読みます。そのほとんどが他人に紹介できるような内容ではないですが、そのなかでも万人に勧められるのが上橋菜穂子先生の小説です。上橋先生は動物学の知識も豊富で、われわれ畜産に携わる人間なら共感していただける部分が多々あるのではないかと思います.

## Q：マニュアル作り、
## 　　何から始めればいよいかわかりません

A：一つ残酷な現実を突きつけましょう。マニュアルは一日にして為らず、です。

「マニュアルを作ろう！」と思っても、次の日までに、来週までに、来年までに完成することはありません。常に作り続ける永遠に完成しない建造物、それがマニュアルなのです。なので、実はこの質問自体が本質的に間違っている可能性さえあります。

「マニュアルを作り始める」──これだけが正解です。マニュアルが一つもないのであれば、まずは搾乳マニュアルを作ってみてください。どんな方法でも、誰が作っても、どんな内容でもいいです。作ったらみんなで読みながら、直したり、増やしたり、減らしたりしてください。

メイプルファームでも、マニュアルがそろってきたな、と自覚できるようになるまで数年かかりました。応援しています！　がんばりましょう！

## Q：丸山さんは立派ですね

A：ごく稀なことですが、私自身を褒めていただくことがあります。大変光栄なのですが、もし皮肉ではないとしたら素直に喜べない面もあります。なぜなら私は立派ではないからです。本書に書かれていることを、すべて忠実に守れているわけではありません。昨日も女性従業員にきつく指導しすぎて少し泣かせてしまいました。2日間ずっと自己嫌悪で憂鬱です。

人はコンディションや気分によって、できなかったり、失敗したりします。皆完璧ではありません。ですが、失敗した後でも謝ることはできます。人に注意できる人物は、自分の過ちを謝ることができる人だけだと思います。気を抜くとすぐに謝ることができずに日々を過ごしてしまいます。

## Q：モチベーションの低い従業員を
## 　　どう扱えばいいか分かりません

A：まず、身もふたもない答えを言いましょう。モチベーションの低い従業員を雇わないことが一番です。

モチベーションが上がらないのは、従業員と職場が合っていないからです。合わないものはいくら努力しても無駄です。仮に従業員全員のモチベーションが低いのであれば、職場環境に問題がありそうです。第三者、経営コンサルタントなどのアドバイスを受けたほうがよいでしょう。

また1人だけ、一部の人達だけモチベーションが著しく低いのであれば、それは選定に問題がありそうです。

重要なのはマッチングです。来た人を闇雲に採用するのではなく。牧場の風土

に合っているか、価値観が共感できるか、しっかりと話し合いましょう。牧場に合った人材を採用するほうが、教育するよりもよっぽど重要です。そこに最大限の注意を払うべきです。

　「でも、すでに従業員が職場にいるから、いまさらどうすることもできない』――そうですよね。その気持はよくわかります。私が思うに、モチベーションが上がらないのは、お互いが期待するもののズレによるところが大きいと思います。経営者のあなたが思うのと同じくらい、従業員も不満を持っているのだと思います。

　まずはそれを形にするところから始めてみませんか？「○○にしてほしいこと」「○○にしてほしくないこと」これをお互いに紙に書いて、交換してから話し合ってみるのはいかがでしょうか？　そうすれば、お互いに相性が悪いことが理解できるかもしれません。

　そしてこれが一番理想的なゴールですが、そのズレが解決可能なことであった場合、そして解決した場合、お互いのモチベーションが上がるかもしれません。

　形にすることって、他人同士ではとても重要なことのように思います。形にしたところから、すべての問題の解決が始まるのだと思います。

170

# あとがき

　いかがでしたでしょうか。役立たない部分や自慢気に感じられる記述、笑えない比喩、表現のわかりにくい部分などもあったかと思われますが、最後までお読みいただきまして、ありがとうございました。本書から何か一つでも牧場運営に役に立つことを得られたならば、至上の喜びです。

　巻頭に書いたように、本書の執筆に当たっては、すぐに役立つ実践的な内容にまとめることを心がけました。読後に、皆さんの農場で実践していただけたら幸いです。

　「実践の連続が成長の本質」というのが、私の信条です。いたずらに議論を重ねたり、デメリットやリスクばかりを考慮してばかりいては、何事も後手に回ってしまいます。本書の執筆も、その考え方に従った結果です。知識人でもないのに自発的に本を出版することは、とてもリスキーなことです。また、今後私自身にとって、大きなプレッシャーになり続けるでしょう。本を出版することは、自らステージに立つような行為です。

　私は、虚栄心や承認欲のようなものが強い人間ではありません。できれば私のことや農場のことはキレイさっぱり忘れて、本書の内容だけが皆さんの頭の中に残っていてほしいのです。大勢に注目されるのは苦手です。

　しかし一方で、月刊 Dairy Japan での連載をつうじて、さまざまな方からお褒めの言葉をいただいたことは、とても感動的でした。だからこそ、何か公益のためのアクションを起こしたかったのです。

　本書で紹介した知識や経験の多くは、愛知県のあかばね動物クリニック・鈴木保宣獣医師の助言抜きには決して得られなかったものです。鈴木先生に導かれるままに、愚直に教えを守ったことが今の成長の原動力になったと信じております。

　本書の執筆に当たって、事前に鈴木先生に執筆の承諾を得るため、相談をさせていただきました。すると鈴木先生は、「酪農の知識は皆で共有して、発展させてこそ価値がある。どんどん広めてもらいたい」と、快く後押ししていただきました。その鈴木先生の高尚な言葉から、決して利己のためだけでなく、公益の精神に帰属する尊さを学びました。

　本書は、すべてが正確な知識に裏打ちされたものではないので、なかには誤った考えもあるかもしれません。しかし、本書は皆さんが考え、行動するための「きっかけ」にさえなればよいのです。実践すること、そして継続して実践し続けることが何よりも大切なのだと思います。

　最後に執筆に協力していただいた知多大動物病院・池内丈司獣医師と、いつも一緒に働いてくれる従業員、社長と母、Dairy Japan 編集部に感謝を申し上げます。

　酪農業界は、まだまだ伸び代が十分にある産業です。皆さん、共に、前向きに頑張っていきましょう。

2019 年 6 月

## こうすれば農場はもっとうまく回る
### 〜農場位運営のノウハウ教えます〜
丸山 淳：著

2019年6月1日
定価3,200円＋税

ISBN978-4-924506-74-9

【発行所】
株式会社デーリィ・ジャパン社
〒162-0806　東京都新宿区榎町75番地
TEL 03-3267-5201　FAX 03-3235-1736
HP：dairyjapan.com　e-mail：milk@dairyjapan.com

【デザイン・制作】
見谷デザインオフィス

【印刷】
渡邊美術印刷㈱